国外建筑理论译丛

U0202009

# 建筑学理论的构建

## A PRIMER ON THEORY IN ARCHITECTURE

[美] 凯伦·科迪斯·斯彭斯（Karen Cordes Spence） 著

康 宁 译

中国建筑工业出版社

著作权合同登记图字：01-2017-6035 号
图书在版编目（CIP）数据

建筑学理论的构建 / （美）凯伦·科迪斯·斯彭斯
（Karen Cordes Spence）著；康宁译 . —北京：中国
建筑工业出版社，2021.12
（国外建筑理论译丛）
书名原文：A Primer on Theory in Architecture
ISBN 978-7-112-26755-2

Ⅰ.①建⋯  Ⅱ.①凯⋯②康⋯  Ⅲ.①建筑学  Ⅳ.
①TU

中国版本图书馆 CIP 数据核字（2021）第 211270 号

责任编辑：董苏华  孙书妍
责任校对：张惠雯

国外建筑理论译丛
**建筑学理论的构建**
A PRIMER ON THEORY IN ARCHITECTURE
[ 美 ] 凯伦·科迪斯·斯彭斯（Karen Cordes Spence）  著
康  宁  译
*
中国建筑工业出版社出版、发行（北京海淀三里河路 9 号）
各地新华书店、建筑书店经销
北京雅盈中佳图文设计公司制版
北京中科印刷有限公司印刷
*
开本：787 毫米 ×1092 毫米  1/16  印张：10  字数：159 千字
2022 年 1 月第一版  2022 年 1 月第一次印刷
定价：**50.00** 元
ISBN 978-7-112-26755-2
（38107）

**版权所有  翻印必究**
如有印装质量问题，可寄本社图书出版中心退换
（邮政编码 100037）

# 目 录

# 前　言

如果您想进一步加深对建筑理论的理解，抑或您对建筑理论知之甚少，对理论性文字的阅读没有耐心，但是又正努力探求自我设计作品中的内涵和深层解析，那么本书即是为您而作。它不会成为另一本讲述理论立场、理论批评的书籍或是一本理论合集，而将首次开启一场关于"建筑理论本质及其构建方式"的讨论，旨在为那些在设计中尝试发掘潜在理论的读者提供科学指导。

本书的出版填补了建筑学领域内关于理论本体研究的空白，究其研究成果匮乏的原因，大体有两种可能。其一，理论往往予人以刻板的印象，人们认为进行此项研究需要高水平的思维能力或足够的专业知识积累；其二，理论是复杂多样的，人们认为难于对其进行总括性的解析，并且进行此项尝试也较不合理。然而，经过我多年的研究和实践工作发现，所有假设均不成立。我们将会发现，在理论本体相关研究严重不足的背景下，本书的出版对于建筑学专业的健康发展和持续进步具有至关重要的意义。

本书的写作目的并不是为了促进或批评某条既定理论，而是使建筑师在调查的基础上对建筑理论这一主题进行研讨。所以我希望书中分享的学术观点不是强制灌输给读者，而是始终保持与读者之间坦诚对话的状态。本书也没有提及各种不同的建筑理论，而是将侧重点放在对理论本体及其特征、影响和关联的解析，旨在给予读者理解所有与建筑学相关及不相关理论专著的能力，直至对于其构建新的理论著作有所帮助。

　　本书的读者对象力求广泛。针对建筑学专业学生，本书可以指引其识别设计作品中隐含的深思和考量，弄清建筑理论这一主题的要素、特征及与建筑学中其他主题的联系。针对建筑师和设计师，本书可使他们重审自我设计作品中所蕴含的思想，并抽取深层的解析。针对理论初学者，本书将利于其对理论的进一步探索，乃至在未来理论构建过程中获得灵感。目前，虽然许多设计师或许仅能将建筑中的关键理念与外在材料区分开来，但是他们将会发现理论要比想象中的易懂。因此，本书的特点还在于可使每一位读者都能清晰理解理论本体，并获得理论构建的实用知识。

　　本书的研究方法仅仅能证明利用框架法进行理论研究的可行，既有的其他理论研究方法也依然合理，因为针对某一项课题的探究手段不可能只有唯一正解。但是本书采用的研究方法特点在于：不仅可使理论初学者受益，对于已具备一定理论研究基础的读者来说，此种研究方法也足够成熟可靠，可作为其进行深层次理论研究的借鉴。虽然本书的初衷在于帮助广泛的读者了解建筑理论，但它还提出了一个广泛而通用的研究方法，作为读者未来研究工作的参考。

　　本书的构成内容符合上文所述著书宗旨。绪论部分叙述了全书如何聚焦于研究理论本体，阐明了本书与其他建筑理论合集或建筑批评作品的区别。第 1 章首先诠释了理论构建的基本要素，并将其与既成的定理进行区分，以定义判别的方式开启全篇；其后对理论构建的特征进行探索，继而通过生动的描述性语言界定"什么是理论、什么不是理论"；最终形成理论特征列表，建立理论属性识别系统。本章内容再一次强调了理论本体作为全书的研究重点，并提出一种相对灵活的研究方法，利于读者理解和借鉴应用。第 2 章探求了理论研究的深层哲学基础，包括不同方法论和世界观对理论构建的影响。哲学基础对理论的影响往往被弱化，但是从广域视角可以发现此影响的重要性。第 3 章回顾了理论与建筑学中其他主题的联系，包括理论与历史、理论与设计、理论与批评、理论与宣言之间的关系，它们共同构成了建筑设计的整体网络支持。第 4 章阐述了理论构建的过程，旨在为有意进行理论构建或评价的读者提供实用性操作流程，同时帮助他们认清构建理论的本源。

　　最后，非常荣幸可以和读者分享关于建筑理论的学术成果，每当我反思著书过程中所遇到的转折点，或回顾职业生涯，都会感念那些在此过程中给予我鼓励和帮助的人们，他们是我此生最宝贵的财富。杰夫·香农（Jeff Shannon）作为我本科时期的导师，在过去30年的时间里一直孜孜不倦地为我提供帮助和支持，我无以表达对他的感谢之情。伊凡娜·林肯（Yvonna Lincoln）、约翰·汉考克（John Hancock）和比尔·威道森（Bill Widdowson）在研究生阶段对我研究素养的培养，塑造了我看待世界的多视角和多方式，书中可以看到与他们的对话贯穿始终。我还要感谢杜瑞大学（Drury University）的众同事，包括著名的艾琳·肯尼（Erin Kenny）、凯蒂·吉尔伯特（Katie Gilbert）、伊丽莎白·尼科尔斯（Elizabeth Nichols）和卡拉·科罗托（Carla Corroto），他们无私地与我分享了学术观点、想法和成果，让我在研究的迷途中始终保持头脑清醒并享受其中，他们的洞察力、激情、幽默和友谊是我最有力的支持。在此还应该向我的女儿莎拉（Sarah）和劳伦（Lauren）致谢，感谢她们理解我的工作，让我感受生活的乐趣，让我看清生活的本质。最重要的，我还要感谢我的丈夫罗德（Rod），是他不断的鼓励和支持让本书得以问世，他永远是我最伟大的盟友。

凯伦·科迪斯·斯彭斯

于密苏里州斯普林菲尔德（Springfield）

2016 年 5 月

# 绪论：探讨建筑学中的理论学科

## 为什么建筑理论需要进一步探索

建筑理论是一门古怪的学科：虽然它是抽象的，还通常被认为属于精英阶级和偏理性的，但也会视为设计对话的一个组成部分，范围囊括了对日常工作的基本讨论，以及对整个行业的思考和专业的辩论。它能够在个人和集体两个层面发挥作用，既可以用于指导个人的努力创造，又可以作为涉及智力和影响力对话的共同纽带，甚至能够塑造整个学科领域的进程。这门学科的多重任务和繁复形式使它很难被掌握，对于许多刚刚入门建筑学的人来说，想一下就获得足够的知识似乎是不可能的。有关理论的功能和应用，及其导向和实施方式的疑问通常在学习早期就会很快浮现。设计师通常会意识到，无论是否接受、考虑甚至摒弃理论，它作为指导的必要性都是不言而喻的，但这一学科的基础本质和说服性常令人生畏。任何设计活动似乎都有风险，因为理论隐藏的力量很容易掩盖或消耗探索本身，所采取的一切行动都牵涉其中。

使问题进一步复杂化的是，对于被吹捧为建筑理论的讨论，通常会绕开对理论本体的关注，而将重点放在理论要解决的问题或实践上。处理的内容通常占据中心地位，主宰其他一切，使人忽略了研究本身的结构和性质。不难看出，发生这种情况，通常是因为设计师和历史学家似乎总有一种内在的紧迫感，总是致力于用他们的著作帮助完成高质量设计指令或对选定主题进行支持。然而，我们怎么可以在不弄清"理论"本身意味着什么的情况下，就对诸如文化、社会和道德等在理论上的作用，或在实践中如何运用理论这些议题进行辩论呢?

我一直相信，付诸建筑学中理论问题的任何努力，都有助于更好地将它的定义和功能运用到实践中去。目前，我们对建筑学的大部分理论知识都是通过一种可以说是逆向的方法确定的，也就是说在承担起对理论著作本身进行筛选的任务时，我们从中获得了相关理论。我们阅读被认定为理论领域的著作，试图理解正在讨论的问题，以及这一思想体系的本质和它如何在建筑中运作。我们从特定的事例中提炼出某种理解，而不是从更大、更普遍的理解角度看待事物，所以说这似乎是一种反向的方式。以这种方式学习理论就类似于为了学习烹饪而开始涉猎各色食谱，这种做法并不一定确保你所掌握的烹饪原理让你形成恰到好处的厨房理论知识，或让你有能力创造自己的食谱。[1] 在这种情况下，人们只能通过归纳的方法理解一个主题，或者通过研究孤立的部分进行归纳，这就限制了人们理解建筑理论的方式。

想想建筑学中理论学习的典型场景：设计师们沉迷于特定的思路，投入对文献的研究中，最后将想法拼凑在一起，形成一个与之相关的知识网络。部分人则可能对这些文本浅尝辄止，而倾向于研究一系列特定的理论。不管这种努力有多积极或涉及面有多广泛，学习理论的学生最后熟悉的，并通过各种来源学习的，都只是被认为理论性探讨的东西。理解框架得以建立。接受信息的同时退一步，考虑特定时间或文化视角，意识到特定背景，或把握一些其他形式的影响，都为

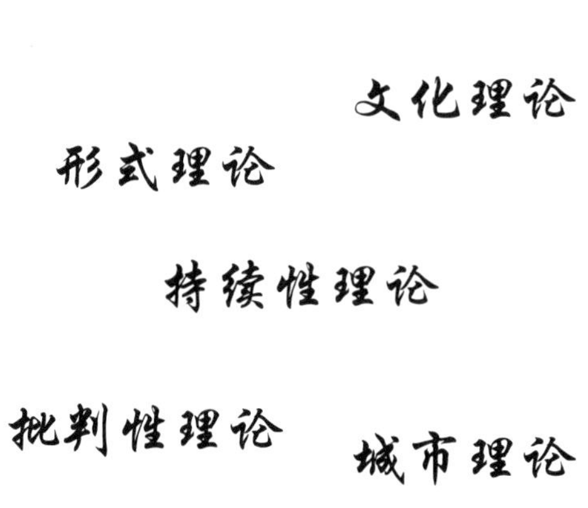

*文化理论*

*形式理论*

*持续性理论*

*批判性理论*    *城市理论*

图 0.1　此图内容是关于理论性工作的重点，因为这些材料是开发和共享信息的原因

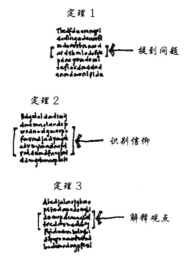

图 0.2　通过调查不同的理论著作学习理论难度大且效率低，因为它需要对每一个单独的作品进行探索

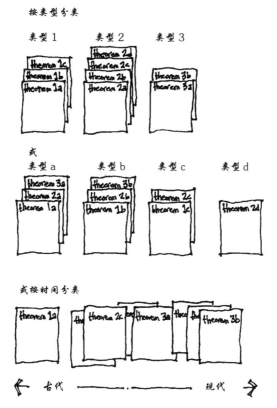

图 0.3　理论可以从不同的角度，如不同的主题或时间进行分类，但仍然不能完全解释理论这一学科

工作奠定了基础。这样就能掌握关于材料的扎实知识。回过头来，从一个特定的角度来看这项工作的话，就会发现这个学科的某些方面和观点已经被吸收了。然而，只是熟练掌握某些论点不等同于学到了理论学科的精髓，因为个别的论点不能代表整体。更糟糕的是，关于这些著作是否可以构成理论，以及它们在这一学科中的作用等方面，即使得以考虑，也往往草草收尾。

有时，个体会试图扩展这些孤立的研究，根据讨论的内容将其分类收集在一起，但这通常又会要求对独立调查之间的相似性和差异进行识别。即使按时间顺序的发展编制成另一个列表，它仍然不能告诉我们关于整个学科的全部知识。虽然主题或内容往往引人入胜，但经过一段时间的研究，我们就会发现，这些元素几乎没有独特性，靠随意组合似乎就能够应付各种问题。一个论点中对文化的呼吁能代替另一个论点中对构造的倡导吗？我们真的能得到永恒性比功能性更有价值的结论吗？最后，建筑理论的研究会不会沦为对不同观点孰优孰劣的单纯争论？这些比较既没有表现出对建筑理论的尊重，也没有帮助人们产生对其有效性的任何信心。就好像这些检查对学科的潜力进行了舞弊，试图把所有素材简化为一种选择与另一种选择之间的争论。

虽然我承认关于文化、功能和其他一些问题的对话有其伟大之处，决不应摒弃，但把重点转向为什么有关这些争论的相关著作被认定为理论，以及这意味着什么，对于我们将理论阐明作为一门学科是至关重要的。我们常常忽视了这门学科的重要组成部分的核心。虽然在理论上可能有许多不同类型的努力，但如果有能力评价这些工作，我们就可以形成有价值的知识，进一步挖掘其潜力。

把检验向理论的转换作为一门学科，可以得到一个用于提高我们运用理论的能力和扩大这类优势的视角。这项对建筑学理论学科的研究考察了它在该领域的地位和作用，界定了它的定义，并提出了识别方法。它专为希望更好地掌握理论的建筑学专业学生撰写，有助于他们在建筑学中建立一个广阔的视角，帮助他们分析理解并构建自己的理论作品。本书中的讨论并不集中于五花八门的建筑理论，而是集中在理论的定义、其要素和特征、如何依赖于不同的世界观并受其影响，以及它与设计、历史、批评、宣言和其他文体的关系。最后还在讨论中提出了一种建构理论的方法，并对理论发展提出建议。简而言之，本书意在为所有建筑学的学习者提供建筑学理论的入门教材，无论他们正在该领域学习，还是已经是经验丰富的从业者，或是仅仅对建筑环境感兴趣。

## 建筑学中的理论是如何逃避调查的

有人可能会说，建筑学中的理论已经被充分理解了，这样的解释没有存在的必要，甚至会说，建筑现在已经不再需要理论了。毫无疑问，随着时间的推移，大量的理论研究——无论它们是否存在或流行，已经大大加强和丰富了我们的研究。这些作品证明了设计师在传达他们思想观念方面的能力。自 20 世纪 60 年代以来，有大量的理论文本涌现，也解决了各种各样的问题，同时更以特定的，甚至十分具体的方式对"理论"这个术语进行应用。然而，这种讨论依然很有局限性，因为建筑领域内的理论学科在很大程度上仍缺乏探索，该领域的理论活动仍局限于历史、政治、社会和文化的对话中。关于建筑学理论的知识中有太多的假定成分。例如，它存在于何时何地，怎样进行识别？它与历史、设计过程、批评、宣言和其他文本形式有什么区别？设计师该如何着手构建建筑理论？

纵观各类得到公认的著作，关于这个词的用法可谓多种多样：肯尼思·弗兰姆普敦（Kenneth Frampton）在他的黄玉奖章演讲中首先将"理论"一词称为"精心阐述的论述"，然后谈到需要"构建理论"而不是"合法化理论"，似乎在暗示理论的含义范畴可从讨论涵盖到某种惯例或解释。[2] 雷姆·库哈斯（Rem Koolhaas）在《S，M，L，XL》一书中宣称，"《癫狂的纽约》隐含着一种基于五个定理的潜在的'大理论'"，暗示了理论工作中存在某种支持或等级体系。[3] 莎拉·怀廷（Sarah Whiting）谈到建筑学的"能够进出批判理论规则的能力"，并引用了一种特定的与领域建立了某种特殊联系的理论。[4] 戴维·莱瑟巴罗（David Leatherbarrow）则谈到"对建筑性能理论的两种理解"，充分表明了他对一个理论具有不同的解释的认同。[5] K. 迈克尔·海斯（K. Michael Hays）在《1968 年以来的建筑学理论》一书中将理论解释为"一种调解的实践"和"转码"。[6] 凯特·奈斯比特（Kate Nesbitt）将理论定义为一种"催化性"话语，它的特点是：规定性、禁止性、肯定性或关键性。[7] 仅在这些情况下，这一被检视的术语可以理解为话语、惯例、解释和实践。有时，理论似乎被解释为众多存在主体，有时候它似乎又暗示着一个特定的主体或具有特定特征的更广大、更普遍的某种过程或运作方式。这些理解并不一定是相悖的，但它们的多样性足以使我们认识到这个词的含义之间存在着巨大差异。不过我相信，以上提到的每一位思想家应该都已经掌握了理论的意义和作用，差异主要是留给读者去理解的。如果意识到这个术语在使用上不一致，我们就会对要如何接近或处理这个学科的广泛理解产生疑问。这并不是说建筑理论的研究前景不容乐观，也不是说它毫无见地，但从一开始它肯定是晦涩的；单纯靠接触被认为理论著作的作品进行理解也绝非易事。我相信，处理这些差异的普遍性讨论不仅有助于阅读有关建筑的各种重要文本，而且有助于分享想法，从而促进该领域的继续发展。

另一种对建筑理论的混淆性进行追踪的方式在不少流行的建筑学选集中都可以看到。有人认为这些作品有助于厘清，但我认为它们反而无意中使情况复杂化了。这些作品合集运用了大量的理论阐释，却没有一开始就阐明它们为什么被视为理论，以及它们的不同之处表明和提供了什么。一个假设是，这些作品虽然集中在理论学科上，但是它们对该学科的不同理解并没有得到解决或探讨，这就导致了对赋予作品的理论地位缺乏合理的解释。建筑理论在很大程度上仍然是神秘的。这可能是为了给某些设计师和作家特权而产生的一种礼貌性疏忽，但这一举动破坏了作为研究焦点的理论本身。我们并不是非要寻求一个狭隘而具体的理论概念不可；但是当理论只是进行假设而不是讨论时，话题的丰富性和深度就被掩盖了，而本应是基本常识的东西也会被忽略。当前只有少数选集对理论本身进行了讨论或定义，但奇怪的是，即使这些解释早已被推广并被驳回，它们与以上下文来龙去脉为背景的注释（如有）也是相去甚远。因此虽然这些选集展示了大量的作品，但对为什么这些作品可被认作理论的质疑却姗姗来迟。

公平地说，这些选集的本来目的就是收集某一特定主题的作品，而不是提供定义或探索差异。另外，这些合集构成复杂，意味着要先理解该学科才能读懂。K. 迈克尔·海斯甚至说，阅读他的选集需要对最近的知识发展有一定的了解，并特别指出，这些文本不应作为该领域理论的介绍。[8] 这一点或许适用于任何文集，因为每个文集显然都是从一种特定的观点出发，这种观点会有意识和无意识地从一开始就限制所呈现的作品的观点。在修订合集的时候，不仅要考虑一篇特定的文章如何与一个整体的主题或其他选择保持一致，还要对它进行审查，以满足编辑的标准和目标。在这种方式下，选集变成了一张错综复杂的网：汇编者的议程与每个作者的议程交织在一起，再加上它们是在一个特定的背景下呈现给我们的，不同观点的叠加反而遮蔽了著作本身。这些合集采用了一系列的组织形式，有些按时间顺序排列，有些按照认为值得注意的主题编排，有些则以某个特定的主题为中心，甚至还有一些是这些组合的综合组合。虽然许多选集辩称在选择作品和进行描述时已做到尽可能透明，但导致这种情况发生的价值观不仅根植于最初包含的内容中，也影响着呈现的结构。最奇怪的是，不少作者的作品出现在许多不同合集中。这就导致了一个认知，即在这些选集中有一个潜在的价值体系在发挥作用。尽管毫无疑问，这些选集是有用的，但它们本身必须是称职的作品，且汇编者的观点也影响着我们对这个主题的理解。

　　建筑学理论课程通常采用类似于选集组合的课程框架。讨论通常围绕特定问题展开，而这些问题看上去涵盖了广泛的关注点或提供了某种历史概述。有些课程甚至通过专门的设计对理论作品进行对比，如比较不同的建筑学观点或专业内外的观点。然而，总的来说，这些课程似乎试图总结一些立场，或是只对个别授课者认为值得注意的观点进行辩论。课程于是变成了对这些年来这个领域所表达的各种思想的调查。通常情况下，这些作品会出现在较高级别的课程中，这多少表明它们并不适合新手设计师。作为学生，专注于设计学院的课程看上去很有必要，但作为一个学科的理论讨论似乎不包括在内。我们很少有机会调查这个学科与该领域其他部分的区别，以及不同的世界观如何支持有本质区别的工作。此外，我也尚未发现有哪门课程对某个东西是否可以当作理论进行验证，以及探讨是什么使它成为理论。我相信我们是有能力进行这些讨论的，但对特定理论议程的过分关注阻碍了我们的进展。

## 进行这项工作的方法

　　那么，怎样才能对建筑学的理论科目一探究竟呢？已知进行调查的任何方法都会对结果产生关键影响，所以这项研究的设计需要对有关该科目的广泛概念保持敏感性，以捕获所有可能性。这种探索的目的是要接纳各种观点和想法，同时也要能够把握住理论的核心，发展出一种灵活而明确的理解，以牢牢掌握相关材料的重点。通过寻找一种可以不受限制地对该学科进行构思的方法，我们可以建立起广泛而坚实的基础。对设计师来说，认识调查结果如何形成并不陌生，因为他们经常谈到产品是如何在进程中塑造出来的。在这个关于理论的探究中，人们意识到可以有不同方法理解理论，而每一种方法包含着不同的机会。因为理论科目是相当广泛和多样的，这种探索的方法可以先处理这种广泛性——无论它看起来多么不受控制，其次提供了一种可以将这项工作作为一个实体进行观察的方式——无论它有多么多样化。

在谈到理论的广度时，我们能够利用"站得高，看得远"的类似原理看到它的全貌。对一个完整的实体进行仔细检查后，我们可以获得此前可能被忽视的信息。如果只研究理论的部分，或者将理论作为考查重点内容的次要关注点，我们就无法看到整个学科及其运作的价值。这并不意味着我们要对所有声称与理论有关的事物进行详尽的总结，而是要建立一种视角，在这种视角下，主体能够作为可识别的运作主体得到实现和理解。焦点广泛并不意味着我们将只进行泛化的讨论。精确度和细节当然也要考虑，但这些都是从总体层面上进行考虑。接受了各种类型的理论作品都是复杂的整体这一事实之后，我们就可以开始掌握对这一运作主体的全面理解。无论选集本身多么含糊不清，建立对整个选集性质的认识都更为关键。如果没有这种讨论，理论的舞台仍然很难得到承认和协调。

要承认和接受所要研究的内容的广度，我们可以通过制定继续修改和扩展的大纲来确定、推进和讨论中心思想。这种讨论可作为形成对理论科目的理解的起点，因为它不仅为这种理解奠定了基础，而且给未来有可能取得的进展留出了空间。在这个特殊的研究中，对理论的理解是通过观察不同学科中对什么是理论和什么不是理论的各种观点的描述而开始的。这些想法为阐明这一学科提供了一种新的方式，反映和传达出一个更全面的理解。反过来，这种更广泛的观点也使我们能够从更明智的立场解释这些想法。这样一来，我们就对理论有了更好的认识，因为这些理解既有利于理论科目，也有助于具体的讨论，而且每一种理解方式都可以通过另一种理解加以审视。简单地说，集合理论提供了一种创造整体的方法，这个整体可以由它的个别因素进行检验，也可以检验它的个别因素。

这个过程通常被称为解释学，因为其中的理解是循环前进的，并且受到材料语境的影响。这些理解相互补充和完善，从而帮助我们熟悉无论是在建筑学内还是建筑学外的理论。当意识到通过这种类型的习得汇编所理解的东西，我们就可以引入这样一种情况，即我们的学习可视为一个一直在进行的进程，且我们从承认这一进程中获益。

如果采用一种力求获得整体视野的方法，我们就能够将重点放在理论学科上，而不会卷入其他学科的讨论中——包括对建筑的讨论。虽然避免谈论设计和建筑环境似乎有些奇怪，但很明显，将这一内容作为次要关注点之后，我们才能够开展检查理论性质的研究，探索如何定义、吸收和实施理论。具体来说，就是把理论的建构和结构当作这一探索的关注点，因为这样的体系有助于解释过程及其组

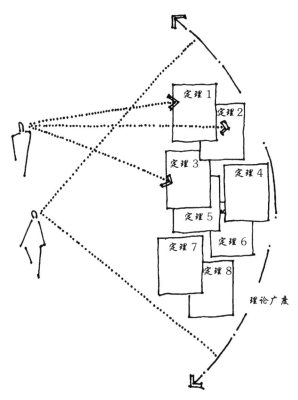

图 0.4　通过观察整个理论学科，而不是熟悉个别作品，我们可以获得整体意识和综合性理解

织，解决活动的发展和方向。这包括检查内部和外部的元素和联系，以及阐明构成这个作品的元素。

为了对理论的可能构建和结构建立广泛的理解，我们必须对自身沉浸于其中的视角有清醒的认识。这是一个重大的转变，因为可以跳出自己立场之外的能力突破了我们每个人的单一私人认知的限制。设计师对这种情况并不陌生，这种情况就类似于评论家做出并非设计师本意的对设计的解读。如果是能够听取评论的人，则他们愿意改变观点并放弃自己的主观权威，而那些难以接受另外立场的人似乎不太愿意以另一种方式看待事物，并且不愿放弃自己的观点，也不愿意离开自己模拟的舒适区。打破这种限制可能是困难的，却很必要，因为看似安全的个人观点实际上会妨碍其他可能性和未来发展的机会。跳脱出自己的观点承认他人往往是一种挑战，但它的力量很强大，可以打破个人观点的界限。以各类工作室为例，它们通常表达的是对同一视角下不同解读的认可，但有时它也可能意味着一个人的基本思维方式发生了根本性的变化。尽管我们往往沉浸于自己的观点而很难注意到，但这些差异依然需要被注意到。如果我们要掌握这种探索的方法，就必须先解决认识这些差异的潜在问题。在这种情况下，唐纳德·舍恩（Donald Schön）的作品提供了很多有用的信息，他对专业人员的工作方式进行的检查，对我们如何识别和辨识这些观点很有启发。无论用户是否能感知该结构的存在，世间所有视角都可以理解为对信息进行组织和按优先级进行排序的某种系统。留意这些结构可以让一个人更好地理解自己的观点，并将其与他人进行比较或继续发展完善。舍恩将这些结构称为"框架"，并在他对实践的反思性研究中谈到它们。他说：

> 当一个从业者感知到框架的存在时，他就能意识到还有用其他方法构筑他的实践的可能。他也会注意到他有固有的优先考虑的价值观和规范，以及不太重视或完全忽略的价值观和规范。[9]

这种情况在引入框架后解决了一个特定的设计问题，同样的，这种意识还可以运用到整体的视角上。看到不止一种方法的能力使我们拥有多样选择，并能确定若干备选框架。形成集合后，我们就有可能看到它们如何构成建筑学理论学科的更大组成因素。通过努力发展这一理论情状的概况，我们就能够更好地掌握所选择和采用的结构。

"视角""框架"和其他类似的术语确定了一个关键概念，即描述了对某种情况的处理方式或呈现方式，以便随后对其进行检查。例如，我们可以将建筑视为一种科学事业，或是将其理解为一种可以进行量化性研究和定义的对象。这种方法参考了观察者观察世界的特定方式。在特定的情况下也可以看到不同的框架——从某个角度看，一个社区就是一个社区，但如果从更大的角度上看，则其可被视为城市肌理的一部分。虽然这些术语可以运用在许多方面，但它们所表示的组织结构是适用于不同规模工作里的可行工具。这些框架可以在世界观的层面上运作，定义基本的信仰，也可以在识别类型或种类差异的层面上运作，从而涉及各种价值观。在这种探索中，讨论可能清楚地涉及特定类型的视角的作用或操作，但许多情况下也可以有通用性的理解，即这些术语可用来指代任何视角。

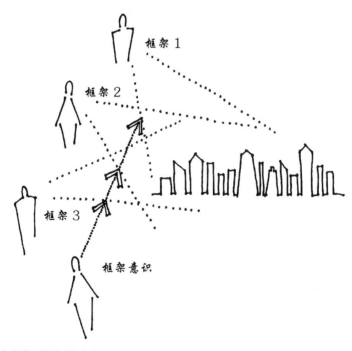

图 0.5　如果能了解他人如何构建观点，我们就能够从这些视角中获益，获得对不同理解的洞察力

在日常活动中，框架总是先运行的。它们的影响对我们来说是无形的，或者是理所当然的东西，但是它们确实影响了一个人对一切事物的看法。这些视角包括认识到某个科目，例如理论科目，是被建筑学内外的当前条件所塑造的这一点，这是一个由所有人共享和共用的框架。任何理论和由此产生的定理都代表了它们产生的时间和背景，将思维与特定的时代或环境联系起来。这种观点不仅是可识别的，而且合乎逻辑，因为框架的存在对我们如何看待事物至关重要，即我们总是从自己的立足之处望向某处。"立场"一词就精准地抓住了这一点。由于理论建立是人在当下从事的一项活动，所以争论认为理论其实是一种文化讨论。也有人声称，理论是政治性的，因为对特定观点的偏好在学科内部创造了一种权力结构。然而，我们需要知道的是，这些并不是解读学科主题的唯一方法。这些范畴中的框架理论可以看作带偏见的，甚至是有退步性的，从而误导了我们的探索。但其他潜在的观点有可能是准确和令人信服的，仅仅关注一个视角并不能提供我们所寻求的理论的广泛概述。框架可以理解为不同选项，我们识别更多可能性的能力越强，掌握和使用理论的方式就越高明。

框架本身还可用于诠释整个学科的运作方式。这些观点作为独立观点，每一个都可在自身体系内自成一统，还可用于与其他系统的比较，在这种情况下，它们能够建立起一个更广泛的对运行模式发展的理解。通常来说我们一次只考虑一个框架，但是通过在各个级别，以及作为一个整体的工作模式的层面上对这些框架进行了解，我们就可以获得更广泛、更复杂的理论。如果有能力看到运作范畴，则我们就能够在所关心的问题上，即在确认可以为我们的情况提供完整而有说服力的了解架构或体系上更上一层楼。从而放下这些观点之间的徒劳争论，认识到可用性本身的包罗万象。这一立场借鉴了美国实用主义者理查德·罗蒂（Richard Rorty）提出的哲学观点，罗蒂指出，试图选择一种带倾向性的观点对哲学是无益的，因为这样一来问题将永远不会得到解决。罗蒂认识到，想要成功地确立一种可以打败其他所有观点的哲学立场，从而达到绝对的完满，是不可能的，而且这种辩论最终也收获甚微。如果我们将这一思路应用到建筑学理论中，我们会知道，试图主张一种世界观凌驾于另一种世界观上，或是主张一种特定的观点凌驾于另一种观点上，会使可能对该行业有帮助的活动走错方向。然而，如果我们将这些框架解释为一个更广泛的网络的一部分，就能够对它们进行检查和发掘，获得它们所能提供的理解和见解，从而通过各种方法使学科受益。虽然罗蒂谈的是哲学而不是建筑学理论，两者之间的相似之处依然一目了然，如"'哲学'可以简单地表示为……'一种从最广泛的意义上看事物如何以最广泛意义上的方式联系在一起的尝试。'"[10]

在一门涉及许多信念体系和观点的学科中，看到事物如何"联系在一起"的想法对我们很有益，在结构之间建立联系的能力可以提供对整体的理解，除此之外别无他法。就好像我们正在构建一个关于这门学科的知识网，知识点由不同的思想家以不同的方式提出，并非所有人都能达成一致，但所有人都提供了有价值的贡献。尽管针对这个整体的任何解释都会受到我们自己的信仰和观点的影响，但认识和尊重这些贡献有助于我们对它们加以利用，并提供了一种灵活游走于这些观点之间的路径。如此一来，我们能看到理论学科中的工作是如何"联系在一起"的，从而为阐明建筑学中的思想奠定了坚实的基础，使建筑学活动更连贯和有根据。

追求对事物如何"联系在一起"的理解也引入了一种方法，在这种方法中，材料的多样性能够根据其自身的条件被检查，且能让我们认识到每个特定的观点给讨论带来了什么。每一部作品都能被视为一个具有自身连贯性和一致性的实体。建筑学理论学科中能存在各种各样的作品是值得庆祝的，这有助于扩大我们对这门学科的认识。这些差异化也使许多观点受到关注，这样不仅能够形成对其他观点的包容性，也强化了对于作为学科一部分的思想范畴的认识。

虽然包含多样性的方法并不代表每个观点都具有相关性，但可以说，所有被认为建筑学理论学科一部分的结构都值得我们进行一番审查。在进行任何评估之前直接取消某种工作，将使一些尚未得到考虑的潜在视角被排除在外。它们中的许多可能还达不到理论工作的地步，但都可以而且应该被视为有潜在价值的。

通过米歇尔·福柯（Michel Foucault）的研究，我们可以了解到各种可能存在的结构，他的研究拓展了这些研究的界限。在《词与物——人文科学的考古学》（*The Order of Things：An Archaedogy of the Human Science*）一书中，他在对中国古代百科全书的讨论中提到了动物分类学中一个颇为幽默的不一致的结构，他说：

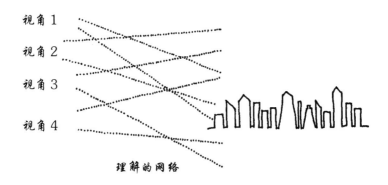

图 0.6  虽然彼此之间有不一致性，但不同的视角可以"联系在一起"进行考量，从而形成一个知识网络，提供比单一视角更深入的理解

　　这本书最初的灵感是博尔赫斯（Borges）的一段话，出自当我读这段话时发出的断断续续的笑声，在我读到这段话时，我的思想——带有我们时代和地理印记的思想——中所有熟悉的标志物打破了我们在利用现有事物的有序习惯中的方方面面，并在之后很长一段时间内继续激荡着，威胁着要打破我们由来已久的对事物的同一性和区别性的认识。这段话引用了"某本中国百科全书"，其中写道："动物可分为：（a）属于皇帝的，（b）有芬芳香味的，（c）驯顺的，（d）乳猪，（e）鳗螈，（f）传说中的，（g）流浪狗，（h）包括在目前分类中的，（i）发疯似地烦躁不安的，（j）数不清的，（k）用精细的骆驼毛笔画的，（l）其他，（m）刚刚打碎了水罐的，（n）从很远的地方看起来像苍蝇的。"在这种新奇的分类学中，我们能得到一种跃进式的领悟，即另一种思想体系中寓言式的、充满奇异魅力的东西，而我们自身的局限性让我们完全不会有这样的想法。[11]

　　福柯认为，以我们目前的观点来看，这种古老的动物分类系统是不合逻辑的，但给所有不同的描述一个被倾听的机会至关重要。若非如此，各种可能性在得到考虑之前就已经被摒弃在外了。虽然在今天的语境中，像中国古代分类学这样的观点可以不用花费大量的时间精力就排除掉，但对每一种观点进行认真的评价意味着探索准确描述的路径总是保持开放，而不是人为地预先决定的。研究各种各样的框架或结构，而不是采用特定的框架或结构，可以让人们从自己的角度理解这些观点。并非每一种观点都是准确的或有价值的，但它们需要被一视同仁。在本质上可认定和理解为理论的工作并不总能扩展知识，但可以深化知识，增加理解。这种扩展甚至可以通过理解那些没有被定义为理论或缺乏连贯性的东西来实现。

在研究了一系列广泛的框架后，如果意识到并不是所有框架都有助于对建筑学理论学科的理解，那么显然我们就需要一种方法来区分有贡献的观点和没有贡献的观点，采用何种评价措施的问题也需要解决。在这种情况下，我们希望对各种不同观点保持尽可能开放的态度，诉求的共同点是其对所描述的内容的准确性。科学哲学家卡尔·波普尔（Karl Popper）很好地总结过这一立场：

> 理论是我们自己的发明，是我们自己的思想；它们不会强加于我们，而是我们自制的思想工具；唯心主义者应该比谁都清楚这一点。但是，我们的某些理论可能与现实相抵触。这种情况一旦发生，就能提醒我们现实的存在，提醒我们某些想法可能是错误的。[12]

我们的奋斗目标是不断寻求与现实世界一致的构造，推送不断针对事件进行测试后的澄清，并消除那些不一致的地方，以及没有什么见解或解释价值的结果。显然，拒绝建构会阻碍我们对所有情境和事件的理解，但毫无疑问地接受所有建构则是不给它们接受世界考验的机会，没有认真对待它们。我们可以在公开讨论自己活动的设计师身上看到这一点：那些致力于实现高质量设计的个人总是尝试使用他们认为值得尊重的一切理念和方法，而不是将自己的工作置于那些不可靠或无聊的方法中。波普尔认识到了这一点，他说，"除非对它们进行重复测试，否则我们就没有认真对待自己的观察结果，或者接受其作为科学观察的结果。"[13]拒绝和驳回未经过不一致性检查的结构往往是因为我们未积极参与其中。在这种情况下，那些通常被视为不太包容各种想法的方法，反倒会比那些支持自由表达的方法更开放，因为前者认真对待了新想法或结构，而后者只是漫不经心地接受了这些东西。这种漠不关心的接受看似开放，其实并没有倾听或认真考虑过这些论点。平衡构建的观点与健全的怀疑论对这些观点提出了挑战，要求它们与现实世界保持一致。

这种对探究的讨论及其试图看到所有这些观点如何"联系在一起"的尝试可能会被诟病，说其鼓吹了一种似乎是相对论的立场，因为它允许，甚至鼓励我们承认不同的观点，而不是确定一个特定的立场。虽然大多数探索只涉及一种观点，讨论过多观点可能会令人困惑，并引起争论。然而，如果看不到这种多样性，就无法认识学科的广度。通过进行调查，听取并认可他人提供的信息，我们就能够实现一种包容和丰富的理解。这对于那些刚刚熟悉这门学科的人以及那些想要继续学习的人来说尤其重要，因为对不同的观点敞开心扉并诚心诚意地与其进行接触，能发展出一个更开明的观点，从而使自己的理解更清晰。看到全局的能力使个体能够在更大的领域中看到并建立一个立足点。此外，这种对话为理论科目提供了一系列信仰体系的可能性，这也是一种预期条件。与采用经验主义的方法不同，在这种方法中，对客观世界的感知将作为一种可呈现其他观点的纯粹主张。同样的，批判理论的观点也会因预先选定的价值观而对这一主题的理解产生扭曲，从而否定本议程中的其他解释。为了聚焦更广泛的可能性，这一努力一直寻求着尽可能多的备选方案，以探索要如何从"联系在一起"的角度观察学科。

除了解决众多视角的管理问题之外，这类探究也可能因其以一种似乎没有偏见，但实际上并非如此的方式处理这些差异而受到批评。关于无偏见的努力还没开始就已经被认为是不可能的了。尽管意图良好的作者都试图提供一个平衡的对话，我仍要承认，此处的讨论依然无可避免地受到自身观点的影响。每一次尝试都是为了对理论的主题及其相关著作，以及它们之间的关系做出准确的描述，然而从书的组织方式，到作品的调查和例子的选择都无可避免地受到个人观点的影响。读者必须认识到这一点，所以既要准备好挑战先进的东西，又要反省和对照自己的观点。不同的视角会开启不同的理解，如果不以开放的态度感知或挑战目前所呈现的观念，就会妨碍我们对这些内容的理解。

任何调查研究都会产生不同的评估，没有一种方法可以声称是万无一失或完美的。我们永远无法保证一定能得到期望的结果。然而，这种方法提供了从作为一门学科的理论中获得新的理解的可能性，这一过程开放且灵活，于是便提供了这样的机会。认识到这一总体情况后，我们就可以从健全的角度看待这项工作，并在能够认识到这些因素的情况下向前迈进。我们还能够认识到，这种探索的具体成果并不是材料所能提供的唯一观点，而是一种可行性选择。可以预见的是，关于何种内容可以被认为理论科目的一般概念，通常会有许多有见地的见解，而从这一探索中得出的理解只是所有可能性中的一部分。此外，应该注意的是，审查的各种来源或观点不会任意缩小或删减。虽然我们追求精确度和清晰度，简化观点则不在选择之列。

## 对书中讨论的概述

　　理解这一探究的本质为理论学科许多方面的定义和探索提供了坚实的基础。回顾历史和当前的定义，以及学科如何在跨学科和学科内的情况下运作，是创建工作背景的第一步。这样的视角告诉我们，我们的方法和思维与其他领域既相似又不同。通过对这个学科进行仔细分析，我们也能受益匪浅，意识到一些问题，比如澄清行为和由此产生的文件之间的区别。这就把理论化及其结果从内容中解脱出来了。虽然人们通常认为从结构上看，理论、历史、设计和批评学科是不同的，但探索这些关系可以揭示它们之间的相似和不同，以及相互运作的方式，从而更好地理解它们各自所起的作用。

　　要从理论界的广泛视野出发，首先就要借鉴其他研究领域中大量思想家的著作，充分了解信息，并建立跨学科的联系。建筑不用发明其工作所特有的理论定义或描述，也没有这种需要。通过收集和评估从科学哲学家到文学评论家等知名人士和其他被广泛引用的人士的看法，建筑学理论学科可以在忽略其应用领域的情况下提出、审查和评估关于什么是理论及其运作方式的定义。由此生成的对建筑学理论学科的理解对其他领域的理论学科同样适用。作为这种大背景下的一部分，对理论整体性质的理解也得到了加强。

　　通过考察其在信仰体系中的地位，我们也能够更好地理解理论科目，信仰体系通常称为范式或世界观，定义为关于实有存在和知识的一套连贯的基本观念。虽然这种观点的存在已经在本研究中得到承认，但世界观也是每一种理论工作的一部分。这种哲学兴趣乍看似乎与理论学科没有直接联系，但认识到理论化与它所依据的范式之间的关系其实很重要，因为信念的影响不可小觑。理论假定并依赖于对世界的理解，因为它能进一步诠释具体的某种情况。不同的范式参与和发展了不同的理论。这些差异往往是在不断的辩论和实际差异中产生的。在理论著作和它们所依据的范式之间进行追踪的能力至关重要。承认范式的作用也使人们意识到，我们有能力以多种不同的方式看待现实和知识，这也正是理论努力前进的范围。此外，诸如一个宏大理论的可能性或风格主题等问题也与这些讨论联系在一起，指出范式如何在理论的整体情状中发挥关键作用。

理论著作也可以通过查看构成本学科的要素及其特点进行考察。此前的探索为理解"理论"这一术语的当前使用奠定了坚实的基础，确定了一些可能的定义。阐明这些含义有助于澄清这个学科，并且进一步区分理论化和由此产生的定理变得至关重要。这个学科也可以根据其特征进行研究，从而开发出一种对思想主体是否可以被理解为理论进行评估的方法。这样的一系列特征并不一定就什么是理论或什么不是理论形成严格的共识，但是可以构建理论上的可能性，而且需要进行明智的讨论。在没有这样的基础或方向的情况下进行工作，使用该术语而非其含义，是一种毫无理论基础的方法。

最后关于理论化和定理形成的要素是一组注意事项，用来帮助那些对从事这项工作感兴趣的人。这些要点强调了这类尝试的内容和性质，但并不会被解读为某种详细的说明，因为每一个理论片段和相关的定理形成都有其独特的发展。与其按照这个列表按部就班开展工作，还不如将这个大纲作为提醒或建议，帮助重新组织活动，并引入新的工作方式。

本书还包括一些阐述不同理论家和设计师观点的短文。这些论文作为个案研究，揭示了他们的写作和对话，可以利用这些对话阐释当前的讨论。通过识别理论化的方方面面，我们有可能看到理论学科是如何在一系列条件下运作的，以及这一工作如何与其他工作区别开来。文章尽可能地让理论家和设计师的原创作品和访谈接近思想和信念的准确表达，而不是加入额外来源对材料进行探索，以免引入另一层价值观和解释。这些讨论只是对特定问题的简短探索，而不是对任何作品的整体深入研究，使对话保持在理论的学科上，而不是转化为定理和其他作品的集合。

　　这些论文除了作为学科的演示，关于它们的研究也有助于建立进行理论学科分析的方法。本书使用的是所选著作中较为熟悉且易于理解的片断，用来调查理论化的不同元素和特征，帮助开发清晰的评估过程。例如，这些文章包括罗伯特·文丘里（Robert Venturi）、丹尼斯·斯科特·布朗（Denise Scott Brown）和史蒂文·伊泽纳尔（Steven Izenour）对建筑环境中模式的讨论，尤哈尼·帕拉斯玛（Juhani Pallasmaa）对其理论来源的解释，以及格伦·马库特（Glenn Murcutt）和多洛雷斯·海登（Dolores Hayden）等人对不同世界观的表达。不同文章提供了丰富的理论和相关观点说明，为如何分析这类文本提供了范例。虽然像彼得·埃森曼（Peter Eisenman）和曼弗雷多·塔夫里（Manfredo Tafuri）这样的思想家已经被认为是有影响力的理论家，但文章中的对话不包含对他们著作的任何讨论，只是作为问题和文本之间契合选择的一种反映，并通过限制文本和文章的数量保持对理论学科一般性对话的关注。希望所包含的考察能作为这类工作的样本，并继续发展，参与更多文本的研究，丰富建筑学理论学科的分析视角。

　　虽然对这些案例进行研究的理想场景是对思想家的作品进行广泛介绍，但学科内知名人士提供的文章和访谈是最容易获得的，也是最常见的关于各种理论讨论焦点的例子。在这样的分组中，作者之间的多样性也是有限的。然而，由于这项工作的基本性质，我们可以认为将这些公认的论点包括在内，对初学者而言是最合乎逻辑且最有帮助的。虽然我也曾意识到这可能会继续促进对某些设计师和理论家的推崇，或加强某些特殊的主流观点，从而限制了对建筑学更广阔的理解，但依然希望结果有助于涉及更广泛的个人和观点的理论探讨和建构。

　　总而言之，最重要的是我们要认识到，这项工作并不是对理论科目的单一而确定的理解，其目的是摆脱价值观的影响，提供对该学科的完整描述。这是一个介绍性的讨论，它的形成和创立的结果是由我自己的价值观和看法所塑造的，这些因素虽也可能会被明确地讨论，但通常只是一个潜移默化的因素。下一章将对我的观点做进一步解释，这个观点是在考虑过许多观点后形成的，用于发展针对研究主题的深刻和丰富的理解。我并不主张自己立场的权威性，而是通过承认和评估各种观点寻求明确性，以构建一个复杂而深刻的视角，抓住准确性。关于理论学科，我尤其感兴趣的一点是，那么多理论著作，在作为这个领域一部分的时候它们是如何相互呼应的。虽然我无意创造一个可包罗万象的理论立场，但了解到它们之间的相互协调或冲突也许可以帮助揭示指导建筑学的思维过程。

希望这一探索能为那些对建筑理论以及一般理论讨论感兴趣的人提供帮助。通过超越特定的作品，更广泛地理解主题，我们可以从不同的角度理解不同的观点，注意到它们的共性，以及它们明显或是细微的对比之处。这样一来，我们就能够更好地看到和欣赏贯穿建筑话语的理论陈述的感知，以及理论工作和世界观之间的联系所带来的力量。更重要的是，理论学科的力量可以得到实现并用于识别和建构理论作品。以此方式，我希望本书能有助于建筑学的发展，因为这样的基础评估不仅可以扩展理论的清晰度，还可以促进进步。

# 注释

1　这一比喻来自威廉·威多森（William Widdowson），其于 1991—1993 年在俄亥俄州辛辛那提大学建筑学理学硕士项目中开设的研讨会极大地影响了本书。

2　Kenneth Frampton, "Topaz Medallion Address at the ACSA Annual Meeting," *Journal of Architectural Education* 45 (July 1992): 195–6.

3　Rem Koolhaas, "Bigness, or the Problem of Large," in *S, M, L, XL*, ed. Jennifer Sigler (New York: Monacelli Press, 1995), 499.

4　Sarah Whiting, "Going Public," *Hunch* 6/7 (Rotterdam: Berlage Institute, 2003): 81.

5　David Leatherbarrow, *Architecture Oriented Otherwise* (New York: Princeton Architectural Press, 2009), 65.

6　K. Michael Hays, "Introduction," in *Architecture Theory Since 1968*, ed. K. Michael Hays (Cambridge, Massachusetts: MIT Press, 1998), xii.

7　Kate Nesbitt, "Introduction," in *Theorizing a New Agenda for Architecture: An Anthology of Architectural Theory 1965–1995*, ed. Kate Nesbitt (New York: Princeton Architectural Press, 1996), 13.

8　Hays, *Architecture Theory Since 1968*, x–xii.

9　Donald Schön, *The Reflective Practitioner: How Professionals Think in Action* (New York: Basic Books, 1983), 310.

10　Richard Rorty, *Consequences of Pragmatism (Essays:1972–1980)* (Minneapolis: University of Minnesota Press, 1982), xvi.

11　Michel Foucault, *The Order of Things: An Archaeology of the Human Sciences* (New York: Vintage Books, 1973), xv.

12　Frederick Suppe, "Alternatives to the Received View and Their Critics," in *The Structure of Scientific Theories*, ed. Frederick Suppe (Urbana: University of Illinois Press, 1977), 169, citing Karl Popper, *Logik der Forschung* (1935), 1959, English translation, 119.

13　Karl Popper, *The Logic of Scientific Discovery* (New York: Hutchinson & Co., 1968), 45.

# 第 1 章　定义理论

## 引言

　　只要看看托马斯·库恩（Thomas Kuhn）在《科学革命的结构》（*the Structure of Scientific Revolutions*）中使用的"范式"一词，我们便可意识到，批评术语在用法上的模棱两可和不一致性是很常见的。尽管库恩的观点为科学领域的活动提供了革命性的见解，有助于改变对其发展规律的固有看法，但他对"范式"一词的应用是宽松的：有时它似乎用来指代特定的科学模型，有时也用来表示该学科领域的基本状况以及其他相关的推论。若不是库恩本人试图在随后的后记中对他的术语进行澄清，这类模糊用法本来是可以容忍的——甚至可以忽略——因为并不影响它本身提供的资料的丰富性。[1] 面对克服语言不精确性的复杂状况，一般人应该不会过于惊讶或沮丧，因为自 20 世纪初以来，这已是司空见惯，甚至在近几十年的某些哲学作品中还是备受推崇的事情。[2] 只有谨慎审视这些术语的性质、限制性和特征，我们才能有机会对相关概念进行丰富、深入的理解和探讨，从而厘清主题，将它们从谜团和各类改编中提炼出来。

　　就像库恩的"范式"一样，"理论"一词有多种用法。在建筑学方面，从管道工程的基本规则到对整个行业最新和最有吸引力的方向的讨论，都可看到对它的相关定义。它可以做为独立的主题，或学科中任何主题的一部分进行理解。它可能与次要任务或主要想法有关，涉及一般情况，也涉及具体情况，可以是宽泛的，也可以是深刻的。这个词在使用上的多样性并不会带来明显的复杂性，但确实给理解它造成了影响。如果利用这个机会研究该学科和它的各种环境，我们就可以着手说明它在建筑学中的地位、用途和功效。为了定义"理论"并描述对它的发掘过程，我们可以广泛地审视这个领域和历史事件，这些事件帮助塑造了当前对这个话题及其关联的理解。通过更好地理解这个主题以及它的用法和上下文，我们对这个词和它所包含的一切的使用都将更清楚明了。虽然我们永远不会达成完全一致，这种探索也无意寻求就"理论"一词达成严格的共识，但对其可能性的界定可以而且需要进行明智的讨论。否则我们就会在关注学科的同时忽略理论的本质，从而将这个主题置于不合理的情境。

　　理论是许多理论家在许多学科中分析过的一门学科。可能最值得注意和引用得最广泛的是库恩，他探讨过关于这个话题的一般性质的大量思路。他的工作消除了科学理论化和其他学科之间的隔阂，有利地支持了对该学科的普遍看法。另一位科学哲学家卡尔·波普尔爵士通过提出"证伪理论"等观点，对库恩的工作进行了补充。在"证伪理论"中，从方法论上看，定理不能被证明是正确的，但在被证明是错误的之前，它们可以暂时被认为是正确的。文学理论家如希拉里·帕特南（Hilary Putnam）和佩斯利·利文斯顿（Paisley Livingston）也完善了对理论的重要观察。在这些思想家和其他人那里，理论的方方面面已经得到广泛讨论，虽然有些松散。通过吸收这些观察结果，我们就有可能对理论进行描述，注意到它的要素和特征，从而建立对这一学科更清晰、更明确的理解。这种理解为进一步的讨论、使用和分析创造了基础。从广泛的领域开展工作有助于建立适用于建筑学以及其他学科的广泛的理论观点。

## 该术语的历史

　　雷蒙德·威廉斯（Raymond Williams）在他的书《关键词：文化与社会的词汇》（*Keywords：A Vocabulary of Culture and Society*）中，追溯了过去几个世纪人们对"理论"一词的日常理解。[3] 在 16 世纪和 17 世纪，"理论"一词指一种见解。这个词的用法在 17 世纪初开始转变，用于指代一种推测或设想。虽然后一种理解与前一种紧密相连，因为见解是指被看到的东西，但这种转变已开始引入某种联系，用以理解感知到的东西。与第二个定义同时出现的第三个定义把这个术语作为一个思想体系进行了改进，将重点从视觉转移到了思想。威廉斯指出，作为一种思想体系，普遍认为理论是一种学说或意识形态。到了 17 世纪中叶，出现了第四种含义，把这个词作为一种解释方案或对实践的系统解释。

这一术语的历史性发展将定义从简单的观察推进到对所看到东西的理解。理论最初指的是一种视觉或奇观，无非是观看某物或某人。没有任何联想或猜测。然而，随着时间的推移，我们可以看到理论开始隐含意义和思想。在理论开始引用一种推测的时候，它暗示的不仅仅是一种表面的观察，而是关于所看到的东西的思考或推理。一旦建立了这种联系，"理论"一词就与事物的存在方式或可能的解释方式联系起来。这一转变就我们当前对这个术语的理解和使用而言非常重要。

理论和视觉之间的联系支持着我们使用诸如"观点""意见"或"看待方式"之类的词汇或短语。这些术语超越了单纯的视觉接受，引入了理解的概念。我们接受诸如"看"或"视为"这类词在视觉上或理智上的陈述，认同它们既代表一种视觉上的看见也代表对一种思想的掌握。接受我们日常用语的灵活性，而不是将其局限于特定的含义是一种相对简单和常见的联系，但有助于意义识别，因为这些联想本身是有意义的。物理上的和概念上的理解的演变史加深了我们对这些参考文献的理解，并使我们意识到理论概念对我们当前的思维方式是多么重要。

除了历史上的这个词的多重含义外，现代对理论的用法通常同时指学说和解释方案，有时可以互换。这个词在文化实践中有重要的区别，但并不是一直都被视为不同。理论作为一种关于事物应该如何发展的教义或意识形态，提供了一个示范性的体系或一套原则。这样一来，理论就可以理解为一个模型或一个理想的系统。另一方面，理论作为一种解释方案，可以用于描述事物。这种情况将理论视为对现实的描述，试图捕捉有形的条件。虽然理论和解释方案之间的差异似乎令人困惑，但当这种差异在不同学科中得到确认时，就更容易看清它本身的运作。例如，自然科学通常认为，理想情况与通常或实际情况有明显不同。学说是在努力捕捉理想状态下的事物。这与系统在现实世界中的存在方式是不同的。人们认识到，这种意识形态不同于对实践的解释，因为一种是完美的模式，另一种包含了现实中可能遇到的所有不准确之处。另一方面，行为科学常常模糊这一界限。对事物本身的定义是按照对它们的设想来运作的。一个情境应该是怎样的，它是怎样定义的，这和某种学说成为某种理解的构架是一样的。对于建筑学这样的学科来说，当我们认识到应该如何看待和讨论这个术语时，这种区别就能发挥作用，有时它被用作一种学说，有时它代表一种解释方案。在这种情况下，对这种区别的认识在每一个特定的讨论中都向我们披露了大量关于建筑学理论学科的知识。

虽然这个词的最初含义早已消失，它目前的日常用法主要是后一种定义，但对观念的认知依然被认为理论的一个基本要素。我们经常听到诸如"理论上这应该行得通"的话，表示存在一种可以达到的理想状态或情况，但它也可能与将要发生的情况不符。然而，把对某事物的解释作为一种理论来讨论还是很普遍的。人们常听到诸如"我对此有一个理论"这样的话，用于描述一种解释某种情况或事件的观点。在这种情况下，无论理论是在描述理想还是在描述现实，它仍然与"看"的概念相联系，即使这种感知是抽象的。作为一个日常用语时，它的用法可能是宽泛的，但在讨论我们如何看待世界时，它是很重要的概念。

这些对术语"理论"的理解差异引入了它与实践的关系，即当我们认识到术语与一个方案或解释有联系时产生的潜在复杂性。理论通常与在理想情况下或现实中提出的东西有联系，而实践则表明某种行动。这两者的共同存在并不一定意味着对立，但它们常常被视为对立。区别可以追溯到亚里士多德（Aristotle）时期，他把行动划分为三种类型：理论是以建立知识为目的的思考活动，创造是以生产为目的的诗意或艺术的创造，实践是理论指导工作并导致行动的创造模式。虽然这些定义将理论与行动区分开来，但没有理论的支持，行动也是无法运作的。在19世纪的德国，实践被定义为相互联系的实践和理论，不同于相互脱离的实践和理论。[4] 纵观历史，理论与实践之间的联系一直很紧密。

除了这些历史和文化对该术语的理解之外，理论一般可以被定义为一种观察、理解、解释或澄清的方式。更简明扼要地说，我们可以把理论理解为"一套由假设、公认的原则和程序规则组成的系统，其目的是分析、预测或以其他方式解释一组特定现象的性质或行为"[5]，或帮助进行深入理解。作为一种解释方式，理论总是涉及对某事物的一种特定的观点或视角。看到或解释本身就隐晦地要求一个人采取一个观察的立场，从一个可识别的点或立场建立自己视角。因为不是所有的观察和解释都从同一个立场看同样的东西，因此不同的理论有不同的内容和形式。这些差异催生了各种各样的理论。

虽然有各种各样的理论，但它们会相互联系，因为观察和解释的方式可能采用相似的视角。澄清建立在彼此的基础上，并互相作用。文学批评家佩斯利·利文斯顿在《文学知识：人文主义探究与科学哲学》（*Literary Knowledge: Humanistic Inquiry and the Philosophy of Science*）一书中阐述了这些联系并进一步诠释了理论：

> 我的假设是，现阶段理论的努力方向是，在拒绝某些类型的工作，认为这些工作是没有根据的，或是基于虚假的目标和假设之时，给出可供批判性研究使用的主题和调查路线的澄清，并积极鼓励和协助其他调查工作。[6]

具体地说，我们可以把"调查路线"理解为一种特殊的接近或观察方式，是确定某种情况的一种观点，而不是所有观点。利文斯顿定义的巧妙之处在于他为我们理解理论划定了限度和合理的目标，而不是仅阐述其可能性，这就把理论定位为澄清，只有当它们的观察方式是可以理解的并且能够建立在这些基础上时，这些澄清才是合理的。声明理论不能帮助阐明每种情况，使人们注意到一种解释可能只对一种看待事物的方式有帮助，而不是所有方式，并从这个角度进行知识扩展。在这种理解的基础上，理论就可以建立起知识。不管是文学、建筑还是其他学科，理论都是一种澄清，都是为了建立我们所知道的东西的体系。

利文斯顿对澄清之间存在关系的认识强调了理论具有不同的内容和形式，因为对同一事物人们有不同的看待方式和解释。我们在解释事物上做了很多努力，但并不是所有的解释都适用于一切检测。利文斯顿指出，尽管有各种各样的调查，但一个理论只需要涉及一个单一的调查。调查涉及观察方式，而理论推进了这种具体的方式。美国哲学家希拉里·帕特南指出，"没有一种理论或图景可以满足所有目的"，他认识到澄清的作用是解决某些——但不是所有——关注或调查路线的问题。[7] 许多理论，或者说澄清，通常被认为是能够同时存在的，同时每一种理论都有助于一种观点。现有的各种观点支持需要作出许多不同的澄清，每一种澄清都促进了这一特定的思路。

看的行为和理论术语的演变之间的联系为这类讨论提供了强有力的基础。从"理论"这一术语的历史意义,到帕特南对"理论"和"描绘"这两个术语的关联,"看见"的观念一直作为对理论的有用描述存在着。虽然关于"看见"的讨论并不一定是指肉体上的看见,但它也有可能确实在表示对一个观点或一个场景的观察。然而,由于"看见"和"感知"这类术语的定义包含了"实现"和"理解",因此引入了在抽象中理解事物的可能性。视觉与思维活动相联系,也许因为视觉是理论的原始意义,或者因为这两种活动都在于将人与世界联系起来,或者因为这些活动通常同时发生,相互支持。不管什么原因,看的行为在任何理论讨论中都起着重要的作用。将理论广泛地理解为一种看的方式由来已久,但我们也能够通过将理论描述为与澄清或解释的活动有关,继续完善它并找到对这个术语更精确的解释。澄清发生在调查中,是具体思路的延伸,而不是试图普遍而全面地适用于所有发展。这些解释通过视角建立知识体系,扩展和加深理解。接受这个理论的描述后,我们就可以着手关注这个学科的作用和功能,同时牢记它与知识及其各种形式的密切联系。

## 理论化与定理

将理论定义为某种对研究路线的贡献,则在澄清行为和澄清结果之间仍然存在歧义。作为常见术语的模糊性的一部分,理论通常会影射操作及其结果。希腊

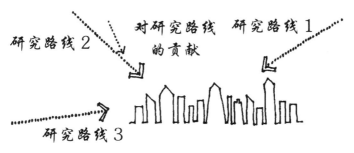

图 1.1    通过认识到存在不同的研究路线或观察方式,可以看出新的路线与现有的研究路线有何相似之处,并有助于或与原先的路线一起发挥作用

语中用区分这些活动的术语对这种差异进行了解释。"*Theoria*"被定义为"沉思、探究和寻求理解的活动；理论化"，而"*theorema*"被定义为"从这个活动中产生的东西，对'正在进行的事物'的理解；一个定理。"[8]"theory"（理论）一词的普遍用法通常掩盖了这一区别，但如果能抓住机会解决这一区别，我们就可以更准确地描述所引用的内容。虽然理论无外乎总是在说明这两种情况，但引入更精确的术语可以使有关学科的沟通更加清晰。

　　理论化被定义为"一种重在消除神秘感而不是获得明确理解的活动。"[9]作为一种寻求澄清的活动，理论化可以描述为一种有助于提高认识的活动，即与隐晦的和须推断的事物作斗争。这是一种由我们的历史和语境产生并受其影响的约定，因为已知的和经历的事物是其进行阐明的基础。嵌入某种关系网的人通过时间和环境与一切事物产生联系，并有可能通过这种联系产生理解来解释他所看到或遇到的一切。这可能会增加他在经验环境中的定量知识，或由特定价值指导的观点，或它们的混合形式。一个人对他所处情境的看法会影响正在发生的澄清。在这种情况下，消除神秘感取决于，且涉及无数的联系。从另一个角度来看，脱离世俗背景对理论化并无帮助，因为任何关于解释的工作都必然与它努力描述的环境有关。

　　定理是由引人注目的理解构成的。它们不再参与澄清的对话，而是充当占位符，记录当前的澄清状态。但这并不意味着澄清的科目得到了厘清，而只是表达了某个正在进行的过程的某一个阶段。理论化可能会很快完成，也可能在很长的一段时间后才完成，将工作转化为一个定理，相当于抓住了这一工作的脉络，使它能够得以研究、扩展或修正。从这个意义上说，不管它们持续的时间很短还是超过几个世纪，定理总是暂时的，并且能够进一步发展、修改甚至颠覆。定理也总是片面和笼统的，任何记录理论化的尝试都不可能是完整的，并且必然包含不可避免的错误。因为定理是在理论活动之后形成的，所以记录可以得到整理和组织，避免了有时在澄清的过程中出现的混乱。然而，即使利用它来安排工作，也绝不意味着我们在寻求一个包罗万象的完美定理，或是相信这种完美定理最后会实现。完整性和完美性只是理想主义的绝对真理。相形之下，定理拥有最大程度的精确度。定理在不断试图澄清的过程中记录了某个地点和时间——它们是我们自己在世界中所处位置的标志。

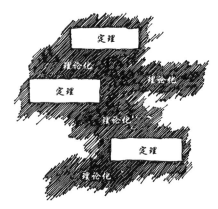

图 1.2　理论化和定理是相互区别的——理论化是一种不断进行
的澄清活动，而定理则是这一工作生成的文件说明

　　理论和定理不一定按照严格顺序出现。定理标记了参与的某次活动中的点。在它们出现之前，我们先建立它们的理论，然后通过建立起的理论取得成功，再改进已记录的内容。将其作为一个没有起点和终点的连续循环，人们可以有无数种方式进入这个过程。它也不一定是一个单一的进程——理论化可能会产生分支并催生不同的定理，而这反过来又会促进不止一个理论化活动。理论和定理之间的转换具有很大的灵活性，一个可以即时促进另一个，或者在很长一段时间内保持位置不动，支持整个进程。

　　理论和定理不应与固有形式的表达相混淆。虽然一个实质作品可以在某个定理的指导下完成，但是这种思想和表现之间并没有直接的对应关系。构建形式并不总是产生于理论讨论的作品或工作。设计可以从使用标准化的实践、模仿某种风格或从一系列现有定理中借鉴思想开始，这一切都承认理论化活动和设计过程之间的区别。此外，在理论这门学科中，有相当多的工作始终停留在理论和定理的范畴内，从来没有用于生产设计。例如，关于从历史调查到探索未来的理论探索方面的讨论主要用来解释过去的事件或提出未来的可能性。这些对话可以提供参考形式，但实质性作品的制作不是理论化或定理文献化活动的必要组成部分。虽然理论和定理被视为理论学科的构成部分，但从它们发展而来的表现形式引入了该学科的一个相关但不同的方面。理论工作和建筑形式设计之间的有趣而丰富的关系很关键，识别这种区别有助于传达这种联系的本质。

　　"理论"一词在日常讨论中依然很流行，但它有可能引入更精确的定义来反映更精确的含义。如果理论化可以与定理区分开，并且能够清楚地表明该术语是指正在进行的活动还是处于特定位置的文件，那就能提供实实在在的好处。从这项工作中可以看到，我们可以通过快速地回顾该术语在其他情况下的使用，以确定其意图是表明对这一活动的理论化还是一种记录，从而获得启发。得到更准确的含义有助于我们对这一学科的探索；然而，即使有了这种特殊性，我们对作为一门学科的理论的理解仍然停留在一个相当宽泛的层面上。有了这一区别，我们可以进一步研究是什么组成了理论化和由此产生的定理。

## 理论化的要素

　　如果把注意力转向构成理论的各个部分，或者看到能区分具体领域的方法时，我们对理论主题的理解就会加深。认识到意识形态和解释方案之间的差异，或者从一个定理文献中勾勒出理论化的活动，就意味着这项工作已经开始，且会通过识别和分析构成理论主题的特定元素继续下去。这使我们能够了解其可能的组件及操作。随着对这门学科的探索继续深入，我们将能阐明构成理论组成部分的联系和特点。

　　从本学科的构成部分开始考察的话，最好的起点之一就是英国哲学家迈克尔·奥克肖特（Michael Oakeshott）的作品。奥克肖特指出，理论化包括四个基本部分：（1）进行"持续性"学习；（2）反思意识或理论家；（3）理论家设计的探究或理论化；（4）突然出现的情况或定理。[10]"继续性"是一种特定的观察。这种观察可能是关于物理条件或更抽象的观念，普遍的或受文化或地域等界限限制的，或涉及任何从大到小的范围。在建筑学中，这种观察可能包括从确认社会问题到实际情况的方方面面，例如认识到人们相互作用的方式和他们所处的环境，或一个地区或季节的典型风况。将这种观察定义为"继续性"的前提是，我们可以检测到处于事态或事件状态的模式或该模式存在的问题，且目前没有其他人以这种特定方式看到过这种情况。此观察触发了对该情况的察觉。简而言之，"继续性"指的是现在被某人清楚看到的一个模式或模式中的问题，继续对它进行观察可以帮助其更清楚地看到某些东西，并且使人们注意到以前忽略的东西。

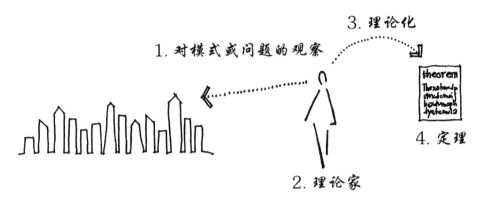

图 1.3　理论化的四个基本要素包括对模式或模式中问题的观察、识别这种模式或问题并对其进行思考的个人、理论化或澄清，以及作为理论化记录的定理

如果我们对理论的这四个基本部分进行更深入的研究，就可以更好地分别理解他们中的每一个。下面将对这四个部分做进一步的描述。

### 对一种模式或模式中断的观察

对理论化的最初观察是对模式、恒常性和不变性的认识[11]，或者在其他预期情况或解释中对异常或"感知到的困难"的感知。[12]这两种解释都包含这样一种观点，即我们所看到的是事物和事件的一致性，确定了一些似乎是永恒的、可持续的存在，或者这个永恒的、可持续的系统是如何改变或被干扰的。注意到在预期模式中观察到的模式或"感觉到的困难"可作为一种解释或澄清，因为这有助于我们理解自己的经验。世界被视为由既定或预期的系统或情况组成，这些系统或情况之所以可以识别，无非是因为它们的持久性，或是因为它们的改变或被打断。对模式的观察包罗万象，从潮汐到消费者的消费习惯；在建筑学中，日常实践毫无疑问依赖于诸如材料属性的稳定性等因素。从地理板块的变动到政府信心和支持度的变化，一切都可能出现一致性的中断。众所周知，建筑模式的改变也包含了不少问题，比如新材料或新技术的引入。这两种模式和"感觉上的困难"协同工作，彼此支撑和确认。如果没有模式，"感觉到的困难"将无法识别，因为没有一个"典型"，就无法判断什么是"非典型"；如果没有"感觉到的困难"，模式就无法作为理解世界的重要方式，因为没有可以用来判断一致性的参照物。

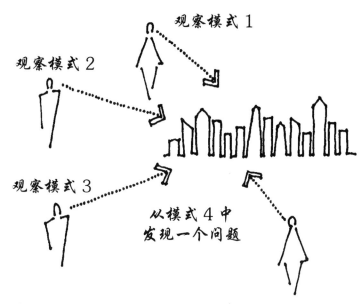

图 1.4　不同的模式或模式中的问题可以被识别

## 从对一种模式的观察中形成的理论：罗伯特·文丘里、丹尼斯·斯科特·布朗和史蒂文·伊泽纳尔的鸭子和装饰外壳理论

　　理论化从观察一个模式或一个模式的问题开始，且这种类型的观察以一种新的视角看待事物，使情况变得清晰。通过识别其中的模式或模式问题，我们就能够以一种从前未被认知的方式理解问题。对于罗伯特·文丘里、丹尼斯·斯科特·布朗和史蒂文·伊泽纳尔来说，他们对商业地带的研究就聚焦于这种独特的美国背景。以拉斯维加斯为例，他们通过处理狭长地带元素检验建筑形式中的象征主义。

　　这项研究提出了一些批判性的观点，包括在 "Billboards are Almost All Right"（广告牌几乎没有问题）一节中讨论的建筑和乡土文化之间的脱节。[13] 人们认为，像建筑这样的艺术与粗制滥造或商业化艺术从来没有成功地结合在一起。封闭空间和开放空间的区别以及建筑中的符号同样值得注意。另一个关键的观察是对符号的观察。正如他们所说的：

> 符号比建筑更重要。这也反映在业主的预算中。通常位于前方的标志是一种庸俗的奢侈，紧随其后的建筑则是朴素的必需品。建筑是讲究经济实惠的。有时建筑是一个标志：正如那些鸭子形状的鸭子商店……既是一种雕塑的象征，也是某种建筑的遮盖物。这类矛盾在近代运动之前的建筑中是很普遍的，尤其是在城市和纪念性建筑中……西方商店的假门面也一样：它们比真正的内部空间更大更高，彰显着商店的重要性，提高街道景观的质量和统一性。但假门面遵循的秩序和规模其实和普通街道别无二致。从高速公路上的沙漠小镇到今天的西部，我们可以学到不少关于不纯粹建筑交流的新奇生动的东西。这些像沙漠一样呈现灰褐色的低矮的小建筑退离公路领域，但是它们虚假的门面依然垂直立于公路边，成为一个个高大的标志。如果你把标志拿走，一切就都不复存在了。沙漠小镇是坐落于公路沿线的某种强化后的建筑沟通。[14]

文丘里、斯科特·布朗和伊泽纳尔认为建筑是一种形式语言；更具体地说，他们的观察提出，建筑是一种模式，建筑标识是某种广告牌或建筑标志。从高级艺术到日常的商业主义，这种看待建筑的方式提供了一种对建筑形式的整体诠释。他们的观点不只考虑历史的一部分，也不只考虑特定类型的建筑。拥有在这种观点下感知建筑的能力，就可为建筑环境提供一个简单易懂的解释。

丹尼斯·斯科特·布朗注意到这种理解的影响后，在修订版的序二中承认了这种模式的作用。她说：

我们能感觉到，从拉斯维加斯学到的理念比起最初发表的时候，得到了更大程度的接纳……我们从拉斯维加斯学到的……是重新评估象征主义在建筑中的作用，在这个过程中，我们学会了接受其他人的品味和价值观的新的能力，学会了对我们的设计和对我们作为建筑师在社会中的角色保持新的谦逊。[15]

VSBA 建筑与规划事务所的工作可以作为这种设计方法的证明。在过去的半个世纪里，从网站到项目，他们的建筑作为一个招牌式的探索一直在进行，并引进了一种流行文化的语言。通过对建筑的观察，我们可以将其理解为日常的商业广告或某种可以在任何建筑环境中被识别出来的形状。文丘里、斯科特·布朗和伊泽纳尔认为，把建筑看作招牌的能力可以被视为公司事业的一个关键部分。从 1962 年在宾夕法尼亚州费城设计的 Vanna Venturi 住宅，到 1991 年英国伦敦国家美术馆塞恩斯伯里展馆邀请赛的获奖作品等项目，该公司一直在探索建筑环境作为流行和商业语言的一部分的作用。更具体地说，将建筑看作一种标志可以被视为一种有价值的、丰富的设计思维和工作指南。

所有关于"持续性"的观察结果都在理论化中吗？ 这些模式或它们的中断有时候会被识别，却没有进行相应的调查也是可以理解的。我们可能每天都能看到它们内在的恒常或问题，却不会做出回应或质疑，因为没有什么能引发人们对这些情况的好奇心。也可能是这些观察结果需要很多年才能产生影响，从而形成理论。然而，我们可以看出，单凭观察并不能证明某种要素是这项工作的基本要素。

## 理论化的开始：尤哈尼·帕拉斯玛对建筑中感官作用的初步观察

开始理论化过程的观察往往是长时间反思、观察和对手头上的东西进行思考的结果。这些事件中的许多是在暗中开始，并且随着时间的推移，通过相关联系转移到一个更明确的意识状态，即观察者对问题足够熟悉，能够质疑它，并可以用新的或不同的方式看待它。这意味着其中的模式或问题达到了能够被识别和定义的程度。建筑理论家尤哈尼·帕拉斯玛在《肌肤之目——建筑与感官》一书中解释了这样一个过程，指出他对建筑环境中的感官作用的认识是如何从他认为是建筑的关键部分的反思中发展起来的。[16] 他解释说：

1995年，Academy Editions 出版社的编辑邀请我为他们的"Polemics"系列撰文，以32页的加长形式写一篇我认为与当时的建筑论述有关的主题文章。作为成果，我的小书《肌肤之目：建筑与感官》在第二年出版了。[17]

虽然触及范围及其对设计的影响并不是他当时所认为的主流话题，但他还是探索了对这个学科的想法并记录下了成果。出乎意料的是，这部作品在读者中反响很好。帕拉斯玛对随后的一系列事件发表了评论，他说："令我有些惊讶的是，这本小书非常受欢迎，还成为世界各地众多建筑学院建筑理论课程的必读书目。"[18] 书中的澄清活动与其他人产生了共鸣，提供了一种看待设计的有价值的不同方式。

帕拉斯玛对其作品演变的描述包含着丰富的信息。一开始是一种视觉性的主导和建筑环境形成过程中未被触及的即兴观点，后来升级为对这种情况的分析，这对许多人来说很有意义。在描述他的理解是如何从观察中成形时，帕拉斯玛指出：

> 这篇辩论文章最初是基于个人的经验、观点和推测。后来我开始担心在建筑的构思、教学和评论中对视觉的偏见和对其他感官的压制，以及可能会造成的艺术和建筑中感官和感官品质的消失。[19]

他对建筑模式问题的认识带来了解决问题的不同方式，帮助引入了对建筑环境的新的澄清活动。一种承认触觉在设计中的作用的新模式得以发展。

值得一提的是，关于感官影响评价的观察，这并不是第一次，帕拉斯玛也并不认为它们是全新的——他引用了许多学者的著作，从人类学家阿什利·蒙塔古（Ashley Montagu）到哲学家路德维希·维特根斯坦（Ludwig Wittgenstein），他们都讨论了身体感官在理解世界中的作用。这些作品为帕拉斯玛的调查奠定了基础，也为支持他的立场的研究奠定了基础。

在留意到蒙塔古将皮肤视为主要器官，将触摸视为主要感觉之后，帕拉斯玛用自己的澄清活动回应了这种理解，他说：

> 触觉是一种感官模式，它将我们对世界的体验与我们自己的体验结合起来。视觉的感知也可融合和整合到自我的触觉连续体中；我的身体记得我是谁，也记得我在世界上的位置。我的身体就是我的世界的中心点，不是中心视角的观察点，而是参照、记忆、想象和整合的中心。[20]

虽然这些思考可能开始得很晚，而且相对不引人注目，但对这种情况的明确看法已经形成。帕拉斯玛对触觉在建筑环境中的作用的清楚认识在现有研究的帮助下得到了证实。他最初的观察是通过对相关著作的探索形成的，随后才确立了自己的观点。

## 理论家

第二个可认为理论化活动的重要组成部分的因素是观察情况、识别其不变或变化的个体。无论是对一种模式的认识，还是对其中断的观察，都不是完全独立于理论家的，因为理论家指的是将其视为需要解决的问题的个人。理论化依赖于意识的存在，因为模式和"感觉到的困难"在自然界中并不存在。例如，质量吸引模式被描述为引力，地球温度的不规则变化在观察中是受不同条件影响的结果，例如冰河时代或全球变暖。然而，如果没有一个诠释者从特定角度来看待它们，这些情况就不是恒定的或中断的——它们只是简单存在的事物和事件，通过特定的观察才成为模式或问题。只有靠反思意识才能把它们看作有联系的事物，并从中找到需要解释的模式或问题。

将个人看作这个等式的一个重要组成部分的观点也可能会导致一个问题，即一个人可能会给理论化带来某种特殊属性。虽然有一个理解"正在发生"之事的人是最基本的要求，但这也可能受一种预设好的或协调好的对这些事情进行识别的心态的促进。生性好奇的人寻求某种解释，或者有人对理解一件事或某件事的原理感兴趣也是很普遍的情况。虽然任何人都能建立自己的理论，但可能有一些人会比其他人更能专注于这项工作。

## 理论化的活动

理论化是这一活动的第三个组成部分，是反思的个体从最初的观察中前进的尝试。在认识到理论化产生于前两个要素后，个体对观察结果的反思的后续工作就涉及对模式或模式中问题的仔细研究。这直接将观察到的问题与理论联系起来，使最初的观察与理论之间的关系成为必要。[21] 一旦开始的观察为探究奠定了基础，澄清或解释的活动就能够在短期内或长期内以各种各样的方式进行。对模式或模式的问题的考虑也牵涉在内。虽然研究可以采取多种形式，但从对"持续中"的基本认识到对问题的理论化建立的不间断的联系为研究工作指明了方向。我们认为仅从一些不相关的观察出发进行理论推导是完全不合逻辑的。

## 结果定理

从这项工作中产生的定理是理论化的第四个，也是最后一个要素。如前所述，定理是对理论化的暂时性理解。这些记录记载了在特定时间点澄清、撷取工作的活动。定理可以以多种形式传达，包括注释、文本，甚至也可以是粗略的、用于表示关于观察的某种类型的结论的描述。虽然一个定理仅标志着正在进行的理论化过程中的某一个阶段，并且是局部的和大概的情况，但还是可以被理解为理论化的结果，因为它至少是一个人对某个瞬间的观察和理论化的描述。定理经常被重新审视和修正，尽管它们也有可能维持几十年或更长时间不变。定理不应被理解为任何理论化的结论性结局，因为澄清的活动一旦开始，就会随时接受审查。

我们有没有可能在没有结果定理的情况下进行理论化？理论化的活动可能发生在很短的一段时间内，也可能延续数年。虽然可以预见的是，总结性活动并不一定会产生，但我们也能看到，理论化的过程总是在进行中的，人们只是理解、发展一个暂时的结论性想法或记录这一尚未发生的思想。这项工作中的这类可能性是始终开放的。然而，我们的实践表明，理论化的事件依然会以某种方式被捕获和记录，无论最后形式是一些初步的理解或是完整的文章论述。

作为观察和澄清的抽象活动，抽象和具体之间理论化平衡的要素与个人的实际存在和某种形式的文件相抵消。有趣的是，抽象元素通常都与观察能力密切相关，这就进一步确定了观察对于理论的重要性。观察和理论化活动是不同的，前者指的是一个人注意到某事，后者指的是试图解释或澄清它，但这两种活动都取决于个人的知觉。此外，所有四个要素都表明理论化是一种需要一个善于观察和反思的人进行的工作，而且此人能够以某种方式记录他的工作。

## 理论化特征

虽然这四个理论要素看似简单明了，但更深入的研究表明，这些要素涉及许多特征，而这些特征将这项活动与其他相似类型的活动区分开来。这些特征贯穿于各个学科，并提供了不仅在识别方面，更在构建方面区分理论化的属性依据。从文学理论家到科学哲学家，这些汇集的特征没有特定的顺序。此外，它们不应被认为是一个权威列表——就像任何定理一样，这种理论化的分类将这些特征呈现为一个正在进行的工作，需要审查、批判和修改。我们可以使用这些特征列表作为理解理论的起点，但也知道这一调查将永远开放，以供将来修改。

理论化的特点可以进行简明扼要的概括，表明它在一种范式内工作，是普遍的、抽象的，且不依赖于特定的语言形式。理论化的目的是寻找世界的真相或准确性，并且能够以某种方式进行检验或推理。它被视为在一个更大的世界观中运作，能够与类似的调查联系起来，但提供了新的东西。理论化永远不会停止——定理可能标志着一个终点，但关于它的澄清活动会继续。仔细观察这些特征可以更透彻地理解理论化的本质，下面将做进一步描述。

### *理论化是在一种范式中运作的*

在《定性研究》中，伊冯娜·林肯（Yvonna Lincoln）和埃贡·古巴（Egon Guba）将范式定义为"不仅在方法的选择上，而且在本体论和认识论的基本方法上指导研究者的基本信仰体系或世界观。"[22] 虽然范式将在下一章中进行讨论，但重要的是我们要理解范式是我们赖以运作的一组最基本的假设，从而为所有的思想和工作提供了基础。这些假设包括我们认为现实是什么（本体论），关于现实我们可以知道什么（认识论），以及我们如何知道它（方法论）。这些都是过去多个世纪以来困扰人类的深刻哲学问题。承认关于这些问题有不同的信仰，表明各种理论实例都是基于不同的世界观并在不同的世界观中运作的。

虽然理论化的活动因基于不同的范式而有所不同，但工作在缺乏某种信仰体系的情况下是不可能运作的。这种看法反映了佩斯利·利文斯顿先前提出的理论基本定义，他暗示了作为理论基础的不同范式，称理论是"某种澄清活动，如果认为某些工作是没有根据的，或是基于虚假的目标和假设的话，就可以拒绝某些类型的工作，并积极鼓励和协助其他调查工作。"[23] 换言之，这些"调查路线"可被确定为不同的范式或范式内的不同调查，从而发展出不同的澄清活动。这种范式的定义为理论主体的讨论提供了一个更大的框架。理论和定理从而被认为是可分类的，因为它们有可识别的本体论、认识论和方法论的立场。

### 理论化是普遍的

尽管理论是从一个特定的观察或一系列的观察中产生的，但从特定时代中产生的澄清活动包括一般规律或类似规律的概括。[24] 这就使我们认识到，澄清活动能够超越某一特定事件或情况的范围，从而对某一学科产生更广泛的理解，并在类似的情况之间建立联系。例如，在某种情况下注意到光对植物生长影响的理论，随后在类似情况下发生的现象将再次受到关注，最后成为贯穿所有类似情况的观察结果。在建筑学中，我们有可能想到某个问题，比如门廊和社区创建之间的关系，该问题在一个地方得到认可后，在其他地方也有可能出现，最后成为一种在广泛范围内通用的认识。不同于只看到一个发生在局部层面的问题，在这一总体层面上进行反思是理论化的开始。虽然这个问题在特定的层次仍然可以处理，但如果工作只处理这个特定的实例，就只是解决了一个问题，而不是引入一个更广阔的、可以进行理论化的视角。理论化关注的是特定性质的所有条件，而不仅仅是局部条件。

因为它的普遍性质使它能够与类似的条件建立联系，所以理论化可以覆盖很长的时间跨度里的许多情况。这使得理论化能够以一种统领性的方式运作，同时通过各种经验和无数次的反思继续推进澄清活动。如果理论化是具体的而不是一般性的，就不可能将澄清活动从一个实例转移到另一个实例，或将澄清活动联系在一起来建立更全面的理解。作为一项一般性的工作，这项活动可以应用于个别情况，但也可以以更广泛、更全面的方式发挥作用。

---

## 特殊的比较：柯林·罗的数学观察

　　有许多有洞察力和信息丰富的著作讨论了建筑学中的各种问题，然而这些著作并不一定是理论化的文献。将各种文本与定理区分开来的必要性在对它们的研究中显而易见——并非所有的文本都有助于研究路线的发展，有些文本不涉及一般性质的条件，以抽象而不是具体的方式探讨主题，也不调查新的领域，仅列举了几个区别而已。然而，由于这些著作所介绍的见解，它们仍然是该学科的重要讨论材料。柯林·罗（Colin Rowe）的《理想别墅的数学及其他论文》就是这样一个例子，它将帕拉第奥（Palladio）的 Malcontenta 别墅（又称佛斯卡利别墅）与勒·柯布西耶（Le Corbusier）的斯坦因别墅（又称加歇别墅）进行了比较。[25] 罗传达的观察结果是针对这些局部设计的，而不是作为对不同时代建筑的更广泛、普遍的理解。同时，罗还提供了一篇很有说服力的文章，影响了我们对数学在整个建筑历史中的作用的设想。

　　柯林·罗对别墅进行比较的有趣之处在于，它将两栋乍一看没有什么共同点的建筑联系在一起。罗指出，尽管这两座建筑的设计时期不同，但它们在几何结构上有很强的相似性，包括整体形式、总体组织和结构间的比例。罗说"加歇别墅和 Malcontenta 别墅都可以被看作是单独的区块……每个区块的长度为 8 个单位，宽度乘以 5½ 倍，高乘以 5 倍。此外，还有一个有可比性的海湾结构有待观察。"[26] 罗指出，在这两种情况下，这些海湾长度的分布相似，形成了 2：1：2：1：2 或 A：B：A：B：A 的模式。然而，在广度上，罗观察到，"在加歇别墅中，从前到后的读数，基本空间间隔以 ½：1½：1½：1½：½ 的比例进行，而在 Malcontenta 别墅中呈现的序列是 2：2：1½."[27] 毫无疑问，这些建筑之间有很强的几何联系，但两者并不完全相同。

柯林·罗在对这些作品之间的相关性鉴定时引入了一种方法，是我们可以从通常被视为区别很大、没有什么相似之处的建筑时期看到两座建筑的共同点。罗认为，两位建筑师都对数学规律抱有共同的敬意，这也是设计的一个永恒的方面。对帕拉第奥来说，数学在这一时期的观点中扮演着重要的角色，也与理性和宗教有关。对于勒·柯布西耶来说，数学则是一种逻辑反应。罗说：

> 因此，抛开理论，两位建筑师都有一个共同的数学标准，被雷恩（Wren）定义为"自然"美；由此，在一个特定程序的限制内，两个区块具有对应的体积，或者两个建筑师都选择遵循数学公式的方式展示他们的作品，也就不足为奇了。[28]

尽管罗建议每个设计师根据不同的原因和结果使用数学，但这两栋别墅的设计似乎都依赖此系统。在平面图和立面图中发现的相似之处是如此引人注目，以至于罗能够就数学在建筑史上作为一个强大常数的作用提出新的启示。这种关联在后来的卡尔·辛克尔（Karl Schinkel）的阿尔特斯博物馆（Altes Museum）和勒·柯布西耶位于昌迪加尔（Chandigarh）的议会宫殿（Palace of the Assembly）的比较中得以延续。[29]与 Macontenta 别墅和加歇别墅一样，这两座建筑在数学组织方法上表现出了强烈的相似性。

不同时代的结构之间的比较给我们创造了机会，对哪些是恒定的，哪些是变化的事物进行识别，然而特定项目的文本仍然有待讨论。罗将他的注意力集中于一些精选的作品上，并对它们进行了深入分析。他的具体观察并不是为了运用于对整个时代更广泛、更普遍的理解中。虽然他的分析引起了人们对数学在各个时代建筑中的存在的兴趣，但罗本人并没有直接跳到这个结论。对比的阐明是当前的主要任务，在这种具体的对比中，这项任务带来的力量和清晰度仍然存在。

在设计中使用数学作为理论的起点是可行的，通过探索一条研究线可了解比例和几何在理解和组织建筑中的作用。数学对设计的参与在历史上已经得到公认，进一步发展这种澄清活动是很有前景的。罗的探索提供了一种看待这些问题的新方法，但由于他只专注于特定的建筑，所以没有达到理论化的水平。然而，这篇文章在建筑讨论中依然是一个重要的分析案例。

### 理论化是抽象的

因为理论化是在一般的层面上运作的，而不是作为一个孤立的局部情况或事件运作，所以澄清活动能够从即时的和物理的背景中分离出来。在这种情况下，理论化是一种抽象的活动，可以脱离它所针对的现象进行理解。[30] 它不依赖于某个确切的环境或特定的场合，从而将理论化与我们描述的与具体例子相关的暗示和明确的探索区分开来。隐性和显性的探索在设计中起到了关键作用，但这些工作方式与抽象的调查很不一样。仔细观察隐性和显性操作，我们就会发现理论化的抽象性质的区别。

隐性思维是直观的、含蓄的；因其是内化的，它常被称为某种工艺知识或培训，可以变得高度个人化和个体化。例如，建筑学中的学徒制就是一种隐性的学习方式，学徒们通过帮助师傅进行学习，看上去是通过观察和联想获得师傅的才能。这其中的理解活动似乎与所研究的现象是不可分割的，甚至嵌入其中。这种情况下，知识是"在手中"而不是"在脑海中"，它不仅没有记录，甚至也没有说出来。隐性知识作为一种隐性的、个人化的方式运行，不能将具体事件和学习分开。

明确知识的定义是一种思想的直接表达或交流。解释是一种运作方式，它提供一个关于情况或事件的清晰陈述，引入了一种意识，即理解可以从它所讨论的特定部分分离出来。口头、书面和其他类型的审议意见能够被记录下来，并且可以脱离所传达的条件或事件而存在。显性知识与教育有紧密联系，因为它允许建立一种公共的文化讨论基础。一个明确的例子就是，在法学院的头几年，学生们会专注于学习法律和案例，从而建立一个供以后使用的简单明了的知识库。这种理解不会发生在现实法庭上；对这些事件的讨论一般由教授指导或是按著作指示进行。

相对容易理解的是，关于一个实体的知识可以被抽象和系统化，能够以一种超越实际或具体例子的方式来理解。换句话说，我们可以把澄清活动和现象分开——它们不必以一对一的对应关系联系在一起。一旦这种分离现象发生，许多现象的澄清就可以以一种最初的方式放在一起，重新组合和扩展。这类解释或理解可以在其他情况下使用，也可以与其他解释或理解合并应用于各种情况，或者进行其他类似的实践。音乐创作可以作为使用抽象知识的一个例子：对音阶与和弦的理解不仅可以脱离声音（明确的知识），而且可以以一种新的方式来安排。关于这一点的最著名例子就是路德维希·范·贝多芬（Ludwig van Beethoven）的作曲能力，尽管他是聋子，但贝多芬所拥有的音乐的抽象知识使他能够在听不到声音的情况下写出美妙的乐曲。

这种对理论化抽象本质的讨论并不是要推断出它必须遵循某种解释：希腊的知识体系里认为理论化是首要的，理解理论先于技术，而技术又先于实践。寻求关于隐性知识、显性知识和抽象知识的任何形式的秩序都几乎没有什么意义。相反，意义在于这些类型之间的区别。在隐性知识中思维与现象的依赖联系，在显性知识中思维与现象的一对一联系，在抽象知识中思维与现象的可分离联系，这些联系之间的区别很难放大强调。由于理论化被定义为澄清活动，因此我们有可能在隐性和显性的探索中将其识别出来，因为这些工作方式都包含了同类型的解释。但是，理论上的对比是相对的，因为它能够超越涉及特定实例的限制。它具有独立于特定事物而参与元层次思考的能力。理论化建立了澄清活动与该活动主题之间的关系，该关系与隐性和显性方法中的这些相同关系有着显著不同。新兴澄清的独立性将理论化定义为一个抽象且独特的实体。

把烹饪作为示例可以清楚地说明这一特征。[31] 厨师们从别人身上学到了烹饪的隐性知识，然后通过在厨房里观察到的动作重复着相同步骤。例如，家族代代相传制作特定菜肴的方法，用这种方法传承不成文的知识。面包要发酵到什么程度，面皮要擀多薄，盐要加多少，这些都不是测量出来的，而是感觉出来的。这可以与烹饪中的显性知识相比较，在这种情况下烹饪知识是通过食谱和烹饪书来识别的，用于传达一套指令，允许以特定的方式组合配料，从而达到预期效果。称量、火候和特定的处理过程是通过口述说清楚的。精确按照指示进行就能得到想要的成果。这两种方法都不同于抽象的烹饪知识，抽象的烹饪知识是对如何以新的方式制作菜肴或准备独特食物的理解，有了关于配料和工艺的知识后，厨师可以以原始的方式重新组合配料或工艺。这样一来，一个人就能够理解各种各样的烹饪知识，给菜肴添加配料，发酵面团，或者了解到火候是如何影响烹饪过程的。将烹饪知识从厨房中分离出来，可以达到对烹饪的抽象理解，这是一种更具理论性的方法。

### 理论化独立于特定的语言学

理论可以用多种语言或词的组合进行解释。这个特征看起来很明显，它使我们认识到，虽然理论和定理通常依赖于语言描述，但它们是与思想联系在一起的，而不是与一组特定的词汇。对理论化的描述可有诸多其他方式。弗雷德里克·萨普（Frederick Suppe）在《科学理论的结构》（*The Structure of Scientific Theories*）一书中简明地阐述了这一点：

> 理论的命题并不构成理论；因为"理论"通常是指狭义相对论或量子理论这一类的定理，理论是语言外的，因此也不是命题的集合。这从思考理论命题的方式中也可以看出。假设一个理论首先用英语表述，然后翻译成法语。英语表述和法语表述就构成了不同的命题集合；如果理论是命题的集合，那么把理论译成法语就应该会产生一种新的理论；但是事实上并没有，这只是用法语重新表述的同一种理论。同样的，量子理论可以等效地表述为波力学或矩阵力学；无论以何种方式表述，它都是相同的理论，尽管它作为波力学的表述将构成一个命题集合，但这与它作为矩阵力学的表述所产生的命题集合不同。因此，理论是语言外的，不是命题的集合。[32]

这些定理的特征表明，理论化的重点是所涉及的思想，而不是这些思想的表达方式。区分一种理论化活动和另一种理论化活动的是内容，而不是传递内容的方式。这表明理论独立于特定的语言表述、某些学科相关的命题集合或其他语言问题。例如，建筑师和社会学家可能都会对行为问题进行理论分析，尽管他们从事的是不同的研究领域。我们应该知道，理论化是以内容为中心的，而不是一套特定的命题或一门学科的常规语言。

### *理论化是对世界真理或准确性的声明*

澄清活动是对真理或准确性的声明，它的目的是尽可能正确地阐明或解释某事。这并不一定要求所有调查都采用实证方法，从而进行某种类型的测试或评估以寻求"真相"，但它确实表明，调查需要内部一致性或准确性。[33] 这一特性对于理解理论作为一种发展是至关重要的，它不仅是一种有趣的对话，而且有助于我们通过其活动建立对特定情况或问题的一致、连贯或准确的看法。在已知是错误的情况下，阐明是不可能达成的——以一种被认为有目的的误导或混淆的方式阐明某事的想法显然与理论化的目标不一致。虽然我们不能保证这项活动永远都是准确的，因为它所针对的情况在以后可能会重新确定或解释，但可以认为它至少在那个特定时间点是真实或准确的评估。在约翰内斯·开普勒（Johannes Kepler）和艾萨克·牛顿爵士（Sir Isaac Newton）之前，就已经发现了这样的情况，当时有许多澄清类的例子试图解释行星的运动，但似乎没有一个能够成功。之后开普勒和牛顿提出了他们认为更精确的对宇宙的评估。开普勒的开普勒行星运动三定律和牛顿的三大运动定律取代了以前的说法，因为他们的叙述能更准确地描述这种情况。[34] 在这种情况下，以前的工作被更能反映情况的理论取代了。在任何事业进程中，从来没有过关于任何澄清将永远真实或准确的保证——仅仅是探索者当时相信，或有合理的理由认为，其所发展的澄清将与当前世界保持一致或准确。虽然真理和精确性并不确定，但对它们的追求是理论化的一个重要特征。

### *能被检验或评估的定理的理论化结果*

卡尔·波普尔爵士指出，定理通常会被证明是假的，而不是真的，因为试图证明一个真定理是不可能的，需要对澄清进行详尽的研究，包括了解一切尚未知晓的知识。另一方面，使一个定理变成无效是对其中某个不精确性的识别。虽然由于未知而无法保证定理的正确性，但证明一个定理的错误是可能的。为了评估一个定理的准确性或真实性而对其进行审查的能力表明：定理是可以被检验和证伪的，这就是波普尔的可证伪性原则。这样一种对定理的评估是很重要的，因为它能让我们识别出目前经得起推敲的澄清，提供最新的解释集合。定理不能被证明是真的，但在证明是假的之前，它们可暂时被视为真，所以所有定理都是发展中的临时阶段这一观点也得到了进一步强调。有些定理的使用时间可能比其他定理长得多，然而，无论如何，所有定理都是可以反驳或修正的。例如，众所周知，医学界就是一个不间断的理论化过程，以一个看似恒定的速度不断发展出新的定理。历史上有无数这样的例子，例如引入细菌理论取代以"不良空气"作为致病原因的疾病的瘴气理论，或者承认溃疡的诱因是细菌而不是压力的定理等。通过推理或应用证明所进行的工作的虚假性，是对这一活动的基本理解。

由于理论化是基于一种范式的发展，其可证伪性是根据其准确性和与该特定范式的假设，以及世界上确定的情况和事件的一致性进行检验或评估。虽然所有的范式都是建立在无法被证伪的信念之上的，但它们依然是开放的，接受挑战和推断。对一个定理的批判性评价可能会阐明奠定该工作基础的信念系统，因为它揭示了基本假设、理论化和世界之间是否存在一致性。换言之，评估这个定理的准确性或真实性，要么给澄清活动及其范式带来支持，要么会发现某种解释及其世界观中的缺陷。最后，对定理的检验不仅带来对定理的接受或拒绝，也会带来对某种世界观的接受或拒绝，因为这种检验有可能确认对理论和预设的更深入的理解。

### 在同一范式下，理论化并不会实质上偏离现有的理论化和定理

理论化与它所基于的范式的关系不仅提供了一种可以用来审视理论化的视角，还建立了一套工作的假设和信念。有了这样的基础，就可以通过理解一个范式为一致的澄清活动提供帮助。同一信仰体系内运作的理论化创造了一系列澄清活动，形成了一套不包含关键差异的工作体系。[35] 接受某个范式并通过它起作用的澄清活动不能过分偏离该范式中的其他定理，因为它们是以相同的预设为基础的。引入对现有范式定理的重大偏离表明至少一部分已建立的假设存在反驳或实质性改变，从而导致了范式转变。范式转变并不常见，一般发生在认为某个基本预设与世界及其解释不一致时。如果发现这类不一致，就会导致范式的转变，以及相关理论和定理的相应修改。从类似的角度，我们可以了解到，理论化与范式中的其他理论和定理形成了紧密的网络和联系，从而增加了连接和关联的层次。例如，将形式在文化中所扮演的角色理论化，我们可能从中发展出一系列的工作，从而提供对社会意义的洞察；研究符号有助于更特殊的研究方向的发展。

### *理论化并非反复出现*

虽然理论化与基于同一范式的定理没有很大的偏离，但它也不会重复已经存在的澄清活动。[36] 简单地说，理论化是非冗余的。澄清活动被定义为推进对已知事物的新贡献。重复澄清活动并不能达到这个目的，因为简单的重复只是对先前建立的内容的反复。然而，理论化确实包括用更有效的定理替换效率较低的定理，提高定理的精度和简单性，从而继续澄清活动。[37] 从最小付出中获得最大效用的定理取代了那些效率较低或付出较多的定理，因为前者比起后者实现了更基本或更根本的表达，取得了更清晰的表述。由于仍有可能以各种方式表达澄清活动，这一观察不代表理论化依赖于具体的语言表述。相反，它表明在对这项活动进行交流时，效率和简单性才是优先考虑。

### *理论化永远不会停止*

关于理论化的最后一点是，"永远不要询问它的终点。"[38] 理论化是一个涉及思考、努力发展一种解释的过程，不会停止，也不会最终停留在某个特定的终点。这个过程可能会达成暂时的决定或定理，但永远不会形成最终的结论。这种连续性体现在理论化是一种活动而不是静态条件的理解上。理论化和得出定理的过程是周期性的或解释性的，而不是线性的。它强调始终不断地重新审视目前确定的决议。就算我们全身心投入理论化的过程中，能发展出的也只有暂时性的定理。理论化也可以理解为连续的，因为我们不能证明它们是真实的或准确的，这就产生了一种不断检验的状态。但是这些定理抓住了澄清活动，这些澄清活动是可以分享、应用或重温，以进行继续探索的。尽管它总是被理解为未完成的，但在试图厘清的过程中理论化是一个必要的和关键的步骤。我们的决议总是包含一定程度的偏袒和近似，这也会引起更多的思考。

---

## 理论化的连续性：肯尼思·弗兰姆普敦关于批判地域主义的著作

作为临时标记，定理记录了正在进行的理论化过程，也记录了以不断改进和扩展的方式捕捉工作进程的各种尝试。建筑历史学家和评论家肯尼思·弗兰姆普敦在他对批判地域主义的讨论中证明了这一点。弗兰姆普敦从亚历克斯·佐尼斯（Alex Tzonis）和莉莲·莱法夫尔（Liliane Lefaivre）写于 1981 年的论文"网格与路径"（The Grid and the Pathway）中借用了这一术语，并进一步展开了这一讨论，弗兰姆普敦认识到当地人的作用，同时也看到了新作品需要如何被接纳。他说：

> 批判地域主义的基本策略，是用特定地方的特质间接衍生出来的要素调和普遍文明的影响。很明显，批判地域主义依赖于保持高度的批判自我意识。它可以从诸如当地光线的范围和质量，或者从一种特殊的构造模式衍生出来的构造，或者从一个特定地点的地形中找到支配性灵感。[39]

这一解释包含在他的论文"批判的地域主义：批判性地域主义六要素"中，在其中他通过提出六个不同的要素供设计师讨论对地域主义进行了批判。按顺序，这六个要素分别是：1. 文化与文明；2. 前卫的兴衰；3. 批判的地域主义与世界文化；4. 位形的阻力；5. 文化与自然：地形、背景、气候、光照和构造形态；6. 视觉与触觉。[40] 虽然该定理涵盖了广泛的问题，但它们是根据与设计的关系来构建的，而设计与其位置互为呼应。

两年后，弗兰姆普敦出版了第二版《现代建筑：一部批判的历史》，其中有七点是关于批判地域主义的。[41] 修订后的列表基本上是对原有列表的修订，包括：1. 批判地域主义作为一种边缘实践，取代了前两点，代替了对批判地域主义走向现代主义的辩证方法的解释；2. 批判地域主义作为一种有意识的有界建筑思想，修正了最初的第四次观察对场所形式的讨论；3. 作为第五次观察要素之一的与构造有关的批判地域主义；4. 批判地区主义，将"地形""环境""光照"和"气候"问题结合在一起；5. 批判地域主义强调触觉，重复了最初的第六条观察；6. 批判地域主义对乡土元素的重新诠释；7. 批判地区主义在可抵御现代化的地方发挥能力。这些材料大都类似于原始定理，但是该文档与本修订版之间的运作表现出一种在澄清这两项工作方面的独特性。

弗兰姆普敦后来再次扩展了这一理论，在 1987 年出版的《中心：美国建筑学杂志》的"关于地域主义建筑的十点：一场临时辩论"中进行了第三次修订。在这篇文章中，他扩展了内容，纳入了一些新的辩证问题。[42] 具体地说，这个定理记录了如下几点；1. 批判地域主义与方言形式，重温前 6 点；2. 现代运动，解决前 7 点问题；3. 地域神话和现实，注意到"学校"的力量；4. 信息和经验，认识到现实和媒体之间的对比；5. 空间 / 地点，反映先前对某个地点的细节的评论，并扩展对话，纳入现象学观点；6. 类型学 / 地形学，再次引用了场地的特殊性质，但也引入了普遍形式的概念；7. 建筑 / 景观，在重新审视了构造的基础上有所超越，纳入了设计，然后将其与这一建筑的表现进行对比；8. 人工 / 自然，它要求设计以适应气候的建筑方式对抗现代技术；9. 视觉 / 触觉，反映原先的第六点；10. 后现代主义和地域主义，提出了一个避开了模式化，拥抱当地气候和地方因素的设计。这一定理显然借鉴了以前关于批判地域主义的理论，但也包括一些被认为能比以前的迭代展示更大反差的新材料。弗兰姆普敦把这部作品称为"一场临时的辩论"，表明他也清楚地认识到这场辩论的暂时性。

在"重温批判地域主义"一文中，弗兰姆普敦再次修改了他的结论，该文于 1989 年在加利福尼亚州波莫纳（Pomona）的批判地域主义会议上发表，1991 年出版在《批判地域主义：波莫纳会议》一书中。弗兰姆普敦在其第四篇也是最后一篇关于这一特定主题的文章中，没有提出更多的问题，而是提供了一个简短、广泛的列表，列出了关于文化和文明、场所形式以及视觉和触觉的三个特定点。[43] 讨论仍然包括他以前的许多观察，但形式已经明显改变，转向对这些问题更全面的看法。虽然在这个定理中进行重新讨论的主题与此前所有的定理都有很强的联系，但作为更广泛的理解，他对这些问题的关注表明了理论化的转变。

1992 年弗兰姆普敦出版了《现代建筑：一部批判的历史》第三版，1995 年出版了《建筑文化探究》。在这一版《现代建筑：一部批判的历史》的最后一章中，弗兰姆普敦介绍了反思实践的讨论，探讨了唐纳德·舍恩的作品和当代设计。[44] 在《建筑文化探究》中，他考察了过去两个世纪制造的真实本质。

> 这些研究显然背离了他发展"批判地域主义"的努力，但仍然得到承认和接受。
> 他的《建筑文化探究》甚至可以被看作"批判地域主义"中构造学主题的延伸，
> 将这一新的探索与他之前的研究联系起来。
>
> 　如果我们认真审视这四次批判地域主义的更替迭代，就能够将其作为理论的
> 连续性的证据。这四份文件表明了一种随着时间发生变化的澄清活动。在近 10 年
> 间，弗兰姆普敦一直对这种观点进行提炼，这也充分体现了这一观点。这些被记
> 录下来的渐进式的精炼也显示出他努力执着的本质。虽然他已经提供了四个定理，
> 但这项工作仍然可以进一步完善，因为人们总是在寻求更清晰明了的定理。

　这些理论化的要素和特征为我们提供了一个关于建筑学和其他学科中的理论
学科的组成和性质的工作清单。以这种方式对主题进行分解，我们能够看清这些
要素及其工作原理，并阐明它们的运作方式。这些要素和特征可以帮助我们从事
澄清和解释的活动，它们可作为我们进行这类活动的指导。当对体系结构中的定
理进行探索时，我们也可以回顾这些组成部分和它们的性质，阐明它们是否会出
现以及如何出现。作为理论研究的测量工具，这些点对于理解定理的优点和缺点
是很重要的。反过来说，这种审查也是对这一澄清活动的一种检验。虽然理论化
的要素和特征只是对理论主题进行更广泛描述的一部分，但通过这一视角审视建
筑学中的理论，我们可以获得对这些作品的更清晰的视角。

## 注释

1　Thomas Kuhn, *The Structure of Scientific Revolutions*, 2nd edn, enlarged（Chicago：University of Chicago Press, 1962）, 174–5. 应该注意的是，库恩（Kuhn）在 1969 年所做的后记并不是关于"范式"术语争论的结束，因为其随后开展了大量研究，探讨了"范式"这个词的各种应用情况和隐含意义。

2　由巴利（Charles Bally）和胡格莱（Albert Sechehaye）整理编辑的弗迪南·德·索绪尔（Ferdinand de Saussure）的代表作《普通语言学教程》（*Cours de linguistique générale*）于 1916 年在法国出版。该书探讨了语言的不精确性，建立了结构语言学，这也成为 20 世纪后半叶结构主义和后结构主义的一个基础，特别是通过罗兰·巴特（Roland Barthes）、米歇尔·福柯（Michel Foucault）和雅克·德里达（Jacques Derrida）等哲学家的作品能够体现出来。

3  Raymond Williams, *Keywords: A Vocabulary of Culture and Society*, rev. edn (New York: Oxford University Press, 1983), 316–18.

4  Williams, *Keywords*, 318.

5  "Theory." *American Heritage Dictionary of the English Language*, new college edn, 1969. Print.

6  Paisley Livingston, *Literary Knowledge: Humanistic Inquiry and the Philosophy of Science* (Ithaca, New York: Cornell University Press, 1988), 18.

7  Hilary Putnam, *Reason, Truth and History* (New York: Cambridge University Press, 1981), 147.

8  Michael Oakeshott, *On Human Conduct* (New York: Oxford University Press, 1975), 3.

9  Oakeshott, *On Human Conduct*, 2.

10 Oakeshott, *On Human Conduct*, 1.

11 Abraham Kaplan, *The Conduct of Inquiry: Methodology for Behavioral Science* (Scranton, Pennsylvania: Chandler Publishing, 1964), 85.

12 Support for this perspective is found in both Livingston's *Literary Knowledge*, 228, and Harold Rugg's *Imagination* (New York: Harper & Row, 1963), 22.

13 Robert Venturi, Denise Scott Brown and Steven Izenour, *Learning From Las Vegas*, revised edition (Cambridge, Massachusetts: The MIT Press, 1977), 6.

14 Venturi, Scott Brown and Izenour, *Learning From Las Vegas*, 13–18.

15 Venturi, Scott Brown and Izenour, *Learning From Las Vegas*, xvi–xvii.

16 Juhani Pallasmaa, *The Eyes of the Skin: Architecture and the Senses* (Chichester, England: Wiley-Academy, 2005), 9.

17 Pallasmaa, *The Eyes of the Skin*, 9.

18 Pallasmaa, *The Eyes of the Skin*, 9–10.

19 Pallasmaa, *The Eyes of the Skin*, 10.

20 Pallasmaa, *The Eyes of the Skin*, 11.

21 Livingston, *Literary Knowledge*, 225.

22 Yvonna S. Lincoln and Egon Guba, "Competing Paradigms in Qualitative Research," in *Handbook of Qualitative Research*, ed. Norman K. Denzin and Yvonna S. Lincoln (Thousand Oaks, California: Sage Publications, 1994), 105.

23 Livingston, *Literary Knowledge*, 18.

24 Livingston, *Literary Knowledge*, 225.

25 Colin Rowe, *The Mathematics of the Ideal Villa and Other Essays* (Cambridge, Massachusetts: The MIT Press, 1976), 3.

26 Rowe, *The Mathematics of the Ideal Villa*, 3–4.

27 Rowe, *The Mathematics of the Ideal Villa*, 4.

28 Rowe, *The Mathematics of the Ideal Villa*, 9.

29 Rowe, *The Mathematics of the Ideal Villa*, 16.

30 William Widdowson, Seminar, Master of Science in Architecture Program, University of Cincinnati. Cincinnati, OH, 1991 to 1993.

31 Widdowson, Seminar.

32 Frederick Suppe, "Development of the Received View," in *The Structure of Scientific Theories*, ed. Frederick Suppe (Urbana: University of Illinois Press, 1965), 30.

33 支持这一观点的两个论据：利文斯顿（Livingston）的《文学知识》（*Literary Knowledge*，225），以及弗雷德里克·萨普（Frederick Suppe）在《科学理论的结构》（*The Structure of Scientific Theories*，ed. Frederick Suppe，Urbana：University of Illinois Press，1965，120）一书中的文章"已被认可的观点的替代方案及其批评"（Alternatives to the Received View and Their Critics）里的描述。

34 Karl Raimund Popper, "Of Clouds and Clocks: An Approach to the Problem of Rationality and the Freedom of Man," the Arthur Holly Compton Memorial Lecture presented at Washington University, April 21, 1965 (St. Louis: Washington University, 1966).

35 Livingston, *Literary Knowledge*, 229–30.

36 Livingston, *Literary Knowledge*, 229–30.

37 Suppe, "Alternatives to the Received View," 120–1.

38 Oakeshott, *On Human Conduct*, 2.

39 Kenneth Frampton, "Towards a Critical Regionalism: Six Points for an Architecture of Resistance," in *The Anti-Aesthetic: Essays on Postmodern Culture*. ed. Hal Foster (Seattle: Bay Press, 1983), 21.

40 Frampton, "Towards a Critical Regionalism," 17–28.

41 Kenneth Frampton, *Modern Architecture: A Critical History*, 3rd edn (New York: Thames and Hudson, 1992), 327.

42 Kenneth Frampton, "Ten Points on an Architecture of Regionalism: A Provisional Polemic," in *Center: A Journal for Architecture in America* 3 (Austin: School of Architecture, the University of Texas, 1987), 375–85.

43 Kenneth Frampton, "Critical Regionalism Revisited," in *Critical Regionalism: The Pomona Meeting*, ed. Spyros Amourgis (Pomona: California State Polytechnic University, 1991), 34–9.

44 Kenneth Frampton, *Modern Architecture, A Critical History*, 3rd edn, 328.

# 第 2 章　为理论奠定基础的范式

## 引言

我们已经认识到理论化是在范式中进行的，但是通过更仔细地研究这种关系，我们可以取得更多成果。之前已经提到，"范式"一词一直在使用上比较松散，其含义包含从一种职业的状态到研究中采用的不同方法和模型。在此次研究中，这个术语将用来表示一个人的基本信念。这一意义可以更具体地表示为"探究范式"，定义为探究者自身的基本假设，并是其理解的主要出发点。一个人对现实的看法、对知识的看法以及如何认识这两者，是我们确定一个人立场的三个最主要的问题。识别这些因素可以建立个人感知事物的角度，从而处理我们对自己和世界的理解。

虽然这个讨论可能因为其哲学性质而显得有些吓人，但它并不要求我们从头开始，或是通过重温伟大思想家的著作、思考宇宙的目的或试图面对道德困境而进行冗长的辩论。相反，它只是意味着我们不得不解决我们要如何从有限的可能性中理解存在本身。虽然只有少数关键问题需要注意，但它们的影响格外重大。第一个问题是，现实是否可以被理解为存在于我们之外的东西，即我们可以随时对它进行识别和测试，或者它是否是一个与我们不可分割的环境，因为它是通过我们的理解形成的。这就将那些遵循更客观的世界观的人与那些更主观地看待世界的人区分开来，承认了价值观和经验的影响。就偏见和价值观所起的作用而言，我们可以衍生出一种进一步界定客观的方法。类似的附加描述可用于主观视角，从而缩小因价值观的相互作用或各种视角的包容性组合而出现的成形现实之间的描述范围。这几个区别是极其重要的，因为它承认了思想和工作的基本假设。

然而，这些问题并不一定必须在采取任何思想或行动（包括建立理论）之前就能得到确定。有时，只有通过对一个陈述的分析才能确定一个范式，而作者一般也从不刻意考虑其工作所依据的假设。即使一个人确认了自己的信念，通常也不容易被他人认同，可能还要经历很长时间的争论。对现实和知识而言，没有所谓"正确"或准确的看法。人们对世界的性质以及它所提供的或使之成为可能的关系持有不同的看法。这些观点的不同体现在不同的文化和历史中。我们很容易理解社会背景和情况大不相同的社会之间的差异，不同的世界观也是如此，因为同一个社会中的两个人也可以持有完全不相似的信仰。个体也有可能改变自己的范式。一个人可能先受一种信仰体系的培养和教育，当他实现了一套新的观念和环境时，就有可能会转移到另一种信仰体系中去。因为所有的思想和活动——包括理论化——都是从这些信念出发并通过这些信念进行解释的，所以理解这些信念对我们工作的影响至关重要。一个人的范式和理论化之间的联系所产生的影响是不可低估的。

我们运作的范式影响着我们对所有活动和环境的感知方式，因为它是一个基础，充当所有随之而来的思想的起点。例如，如果我们相信这个世界是完全独立于我们的价值观和经验的，那么我们就会把环境当作有待发现的东西，把我们的任务看作揭露现实。我们的工作就是为这种理解而进行的，工作建立在这些假设的基础上，构建了一个一致的解释。一个不同的范式会引入一组不同的事件，这些事件也能够产生对世界的逻辑描述。一个人对现实的看法、知识以及获得这些知识的途径，都共同提供了一个连贯的解释。

虽然可以阐述和辩论信仰，但范式却是在没有验证的情况下接受或拒绝的——因为我们无法确定现实和知识以及它们是如何被认识的。伊冯娜·林肯和埃贡·古巴两位教育工作者对范式在学习中的作用做了相当多的研究，注意到"信念是基本的，因为它们必须仅凭信仰就被接受（无论有没有充分的论证）；我们没有办法确定它们的最终真实性。如果有的话，这些书中反映的哲学争论几千年前就已经解决了。"[1] 各种可能的信仰体系都有其优点，提供了诸多选择，每种信仰体系都有支持者，也有批评者。哲学僵局的存在是显而易见的，没有一种世界观会被所有人接受。这种情况本身是没有问题的，但它确实意味着我们需要认识到不同的世界观以及它们如何影响我们正在进行的工作。

当然，这一立场假设信仰体系是必然存在的，并且存在于所有的工作中。另一个需要考虑的可能性是，范式本身并不是它们的重点，如果在这些困惑上花太多的时间，反而会丢失其他有助于推进思考和理解的巨大潜力领域。鉴于此，许多后现代思想家认为，关于基本信仰的讨论已经不再需要了。[2] 然而，讨论范式的作用仍是有益的，因为明确范式可以证明它们在理论化方面的影响。具体地说，此次讨论并不打算解决竞争范式之间的任何僵局，而是旨在了解它们的差异，以及对架构理论的意义。尽管我们学科中的一些人可能对范式不再感兴趣，但通过探索确定它们是否被假定为即将来临或正在运作中，将能显示我们如何能够在工作中识别各种观点。从这个意义上说，范式可以理解为正处于一种有趣的情境中：虽然不能被证实，但可以视为其具有影响力。

---

## 超越理论：珍妮·甘的故事和研究

一般人们都会认为理论在建筑学中的作用很重要，然而最近业内的讨论却对这一基本前提提出了质疑。为了阐明这一发展，我们可以回顾有关当前设计思维和活动的对话，以便进行内容调查，为理论联系提供参考。Gang 建筑事务所（Studio Gang Architects）的珍妮·甘（Jeanne Gang）就是一位可以被视为证明这种工作方式的建筑师。她的努力似乎是基于对复杂情况的巧妙解读，然而意识到理论学科并没有作为其中的一部分提及，使得她的成果变得很有说服力。假如没有重要的方向或框架，也没有提出理论是否存在的话，设计本身可能就是在一个定义松散、结构松散的调查线上运行。

Gang 建筑事务所成立于1997年，总部位于芝加哥，由珍妮·甘和马克·辛德尔（Mark Schendel）指导，这两位设计师曾在 OMA 获得了丰富的设计经验。

虽然他们没有确定一个特定的理论,甚至没有讨论与他们的工作相关的学科,但他们在处理设计的方式上依然抱有一致性。珍妮·甘把这个过程解释为一种交流方式。她说:

> 一切从单词开始,然后是句子,并由此展开,直到成为一个故事。我们从自身开始,尝试使用文字、图表、图像以及可以使用的所有其他技术来描述项目的意义以及最好的前进方向。很多时候会有多种想法同时摆在明面上,有时一个项目也可以在缺乏定义的情况下进行……这种方法自然会使思想进一步向外流动,在讲座或特别节目中传播给听众,或进入有助于进一步传播思想的出版物中。[3]

将这种交流描述为一个故事的过程反映了一种在本质上是建构主义的方法,因为作品构建成了一个叙事。这一观点并不涉及一套特定的、用来协商某种理解的价值观,也不寻求有关环境的经验数据以揭示某种合理的观点。收集到的信息往往是多种多样的,从视觉到文本都有,但即使这些信息是松散的或涉及多方面,也可以组合起来形成一种理解。珍妮·甘指出,这个过程可能包括从利益相关者的输入到动物迁徙路线和遮荫需求的一切,从而变得相当复杂。[4]

对于珍妮·甘来说,这种方法增强了传达项目意图的能力。然而,信息的收集并不是一项简单的任务,而是在许多层面上进行的。在与莎拉·怀廷的交谈中,甘讨论了 Gang 建筑事务所对芝加哥河项目的探索,并指出:

> 这是一个如此复杂的故事和解决方案。仅仅是回顾它的历史——即事实上这条河甚至没有水流经过——就使得"逆转"这个术语不那么正确。但我们也取得了一些进展。莎拉,这其中很大一部分都是在测试到底什么能引起人们的共鸣。我们试着用好几种不同的方式进行解释,直到获得人们的首肯。事实上,这是非常重要的,因为如果要改善河流,我们必须得到公众的支持。[5]

这样一来，这个故事对于捕捉观点，建立与人联系的观点，让他们更好地理解眼前的问题都变得非常重要。

与 OMA 的作品类似，Gang 建筑事务所使用叙事对一组重要而复杂的关注点进行组织。通过认真扎实的研究，包括阅读和研究视觉信息，探索材料和技术，甘创作了一个故事。她评论道：

> 对于我们来说，研究是建立在深入地观察事物的基础上的，因此在行动和形式产生之前，有一段时间我们会专门用来观察和确定问题，找出问题的因素，不管它们是关于一个地点的绝对现实、态度还是文化观察。研究的目的是在开始进入建筑层面或正式解决方案之前，先将相关信息带给工作室作为参考。[6]

这项研究作为项目的某种资源，可以很好地支持进程，但在发展方向的改变上是灵活的。它还建立了对各种主题的理解，使之能够用于其他调查。甘将这项研究描述为"深厚的背景知识"和"信息的积累"，并将其确立为将工作重点放在多种努力上的一种方式。[7]

Gang 建筑事务所的活动展示了对设计的深思熟虑，建立叙事来理解设计情况。无论是设计师之间的对话，还是与合作者和公众等其他人的对话，都包含着非常丰富的内容。对工作有启发的研究是深思熟虑的集合。拥有这些特点，工作所基于的范式可以看作一种建构主义范式。虽然这一过程可能是松散的，而且只能被广泛理解为一种灵活的体系，包括由多种观察和研究组成的叙述，但仍有一些可识别的调查或澄清的一般路线。这种不受限制、通融性好的理论能够很好地发挥作用。因为理论并不需要它的创建者和用户的认可，所以 Gang 建筑事务所可以说是使用了一个没有经过讨论的框架。然而，我们也看到，缺乏这一讨论并不会否定澄清活动的能力，也不会导致澄清活动的失败。

不管是否应该承认或讨论范式，它们经常都是不确定和未经承认的，因为信仰很少成为争论的中心，甚至不被提及——它们作为一种被简单接受的东西，是一些假定的观点，并且在关注当前的调查时没有什么存在感。对范式的考察可以为学科的理论化提供大量的洞见，因为它阐明了基本信念以及这些信念如何与各种澄清活动相联系。基本假设的差异在很大程度上影响了由此产生的工作，包括先进知识的性质以及获取这些知识的方法。系统内部的一致性可以为每个澄清活动的实例创造坚实有力的定位，但是从一个范式产生的理论可能与另一个范式支持的理论显著不同。这些对比提供了一个更深刻的理解，以及对理论化特征的不同解释。确定和探索世界观是对理论学科的这一方面进行考察的开始。

## 本体论、认识论和方法论

前面关于什么构成范式的内容提出要对现实、知识以及如何获得这些知识进行更深入的研究。这些问题给范式的探究下了定义，并分别称为本体论、认识论和方法论立场。通过探索对这些立场的一般理解，以及确定它们实现的方式，我们能够看到理论是如何建立的，并能够感知澄清世界的活动和特定观点之间的联系。

### 本体论

本体论经常被认为是这些范式立场中最主要的，因为它解决了我们对现实的理解。"本体论"一词源于希腊语中的"onto-"，意为"即将存在"或"存在"，以及"-logia"，表示推理、思想或研究。正如这个词的构成所暗示的，本体论的定义是研究什么是存在或现实。这一主题与现实的本质作斗争，并被认为是需要解决的头号哲学问题。一个"真实"的世界是否存在或定义是否存在是问题的核心。

这种讨论似乎过于沉重，令人生畏——我们要如何厘清这样一个深刻的哲学话题呢？尽管看起来很重要，但我们并不一定要解决这个难题。事实上，它往往是一个比较少见的有意识的选择或决心。这是因为你可能在没有意识到这个问题的情况下参与到所有类型的工作，包括理论工作中去。本体论立场通常只在个人通过对其他问题的讨论进行假设和间接传递观点时才会被披露，这些观点往往作为支持陈述而不是作为信息本身。通过检查包含这些附加信念的对话，我们可以从中确定特定的立场。日常讨论经常揭示一个人如何以细微而丰富的方式感知现实。例如，一个关于在定义某个地方时需要认识到自己的价值观的陈述，可能表明了现实是被创造的而不是被发现的观点。这样的影射建立了一个对世界的具体看法的论点，在对各种情况进行分类之后致力于确定一个本体论观点。我们对现实的理解似乎是通过推理逐步实现的。

## 认识论

认识论是解决知识的范式立场。它来源于希腊术语"episteme"，意思是知识和"-logia"（如前解释，推理或研究），认识论可以理解为对知识的研究。一般来说，它的定位在于描述了什么是知识，定义了知识的一般性质。我们对已知事物的感知有助于建立我们理解一切的基础。这与一个人如何看待现实有关。认识论与本体论以这样的方式互相呼应。

认识论看上去和本体论一样令人望而生畏，因为对知识是什么的确认会引入其他不一定能解决的困境。然而，由于对已知关系的确立决定了一个人对现实的看法，认识论和本体论的立场共同作用能提供一个更完整的描述，从而可能更容易识别一个人对我们在这个世界上的立场的理解。这些立场之间的选择各不相同，有的认为知识是作为一个实体独立存在的，有的认为知识依赖于建立它的个人。虽然存在许多可能性，但本体论和认识论立场之间的一致性是必要的。一种与自己对世界的看法相配合的认识方式能发展出一种一致的、理性的立场，即使这仍然仅是一种被信仰所接受且无法证明的观点。

## 方法论

方法论解决的是获取知识的方式。从希腊语 methodos（系统的过程）和 -logia（理性、思想或研究）中可以看出，方法论被定义为一个人追求某种可知事物的方式。作为获取知识的研究或方法体系，方法论指的是一套确定知识的原则。方法论有时与术语"方法"混淆，但"方法"这个术语指的是特定的过程或实践。一个人可以对一种方法论途径进行谈论，对如何获得知识的一个更广泛的系统进行解释，或者也可以对一次努力或一系列参与过程中使用的方法或手段进行探讨。方法论解决了使用方法的推理或逻辑，而方法指的是采用的特定过程。就像本体论和认识论之间的关系一样，方法论与对现实的定义和认识方式有关。

方法论可能涉及定量或定性原则，或两者的某种结合。方法论与本体论和认识论形成了一套连贯的立场，定量和定性程度的确定可依赖于这些立场。方法论是在选定本体论和认识论的立场之后选择的，因为建立知识的方法来自对世界和已知事物的理解。例如，一种本体论提出了一个可以检验和确定真理的世界，它可以采用一种涉及定量手段的方法，表明物质可以进行精确测量。该方法论是由可量化的手段定义和使用的实践主体，而这些方法是可测量的过程。另一方面，某种通过一个人的经验和价值观塑造世界的本体论，可能会使用一种涉及定性原则的方法，同时利用一些其他方法，比如汇编全面的解释的方法。本体论、认识论和方法论立场之间的关系形成了一系列相互完善和加强的立场，可以作为我们所有思想和行动的一致基础。

伊冯娜·林肯和埃贡·古巴提出的四种世界观概括了所有已被承认和接受的世界观，进一步解释了探究范式的最初描述。[8] 这一基础具体阐述了建筑学中采用的探究范式，告诉我们应该如何把握这门学科的工作。不同的世界观会以特定的方式影响建筑学中的理论化，将学科中的各种工作与对现实、知识以及如何认知这二者的不同理解联系起来。

## 四种世界观

在所有理解本体论、认识论和方法论立场的方法中，我们通常将它们归纳为四种连贯的调查范式或世界观。这四种观点涵盖了各种各样的理解，并代表了那些被普遍认可并能够概括描述大多数观点的观点。这些范式可分为实证主义、后实证主义、批判理论和建构主义。[9] 实证主义描述了一种范式，它在 16 世纪成为西方传统思想的主要基础，这一地位一直保持到 20 世纪。约翰内斯·开普勒和艾萨克·牛顿爵士的著作代表了这个时代的鼎盛时期。他们的探索将世界视为一个可以被描述为完美系统的物体，解释了从行星轨道到重力和潮汐的一切。[10] 在 20 世纪，这一范式被改变，引入了后实证主义，它保留了客观的世界观，但指出，要确定世界的完美性是不可能的。批判理论的范式在 20 世纪也得到了类似的认可，包括对价值观如何在基本信仰中发挥作用的理解。第四种范式，建构主义，最近也被人们所接受，它定义了一种以解释学的方式构建的世界观。虽然这些差异可以在一般水平上加以识别，但对这些本体论、认识论和方法论立场的深入研究表明，这些范式之间依然存在着明显的反差。

## 实证主义

实证主义描述了一种本体论的立场，它将现实描述为一个有形的世界，不受我们的影响而存在。实证主义者相信，一个真实的、物质的世界是存在的，并且是独立运作的。如果我们对这个世界进行调查，揭示其所有嵌入式数据、系统和原理，我们就有可能了解这个世界。在这种情况下，现实就是一个可以确定的存在。这样一种观点造成了一种认识论，在这种认识论中，一个人把世界作为一个独立的实体来研究，明晰了观察者和被观察者之间的区别。从事检查的个人就是主体，对客体或世界进行检查，以便充分和准确地描述它，披露所有可能提取的信息，以便揭露世界掌握的信息的真相。这种主客关系也可以称为客观主义，它把客体看作掌握着所有的信息，而把主体局限于一个观察者的角色。例如，一个人能够辨别材料中的化合物或监测生物过程，但这些观察并不影响事件本身。虽然我们有可能在物理层面上影响世界，比如通过对化石燃料的燃烧影响全球温度，或者通过耕作影响鸟类迁徙路线，但这种世界观将地球及其属性理解为我们识别和揭示出来的东西。我们能做的只有解释和推论，从而寻求正确的知识。

虽然有发现被歪曲或只对某些选定的信息进行识别的可能性，但该范式依赖于一个公正的观点来识别真相。在方法论里，实践本质上主要是定量的，用于挖掘客体的确定性。实证主义可以被描述为一种主客体关系，因为主体对客体的调查包括各种方法，如数据收集和测试。很明显，实证主义的现实观、知识观以及对其认识的共同作用形成了一个一以贯之的体系。

　　实证主义常常与科学传统联系在一起，因为我们在这门学科中确立了一个惯例，即观察和调查材料，从而把它视为一个可被检查、分析和评价的对象。举个例子，即我们处理物理或化学的方式，我们在研究这些科目时将它们视为孤立的项目，以各种方式对它们进行分解，以达到我们认为的对它们完整的、最终的理解。这种理解世界的方法从希腊人时代就开始出现了，在启蒙运动期间上升到主导地位。开普勒和牛顿的工作将太阳系确立为行星运动和引力的精确组织，这也经常被认为像卡尔·波普尔爵士这样的思想家实证主义的决定性时刻。[11] 然而，自该时代以来，实证主义的前景一直处于审视之下。观察的精确性，以及我们在工作中减轻人类偏见和实现精确性的能力，开始让我们对完美的理解产生怀疑。虽然这一世界观在许多学科中仍然是占据主导和可行的，但在最近的历史中，其他的可能性也开始凸显。

## 后实证主义

　　实证主义推进了将世界和知识视为一个完美系统的可能性，但意识到这种完美的不可能性意味着我们必须考虑其他选择。

　　其中最明显的一点就是接受实证主义的局限性。我们可以继续追求对世界的理解，但也可以根据需要进行调整。这一认识体现在爱因斯坦的相对论中，相对论承认空间和时间之间的关系是相对的，或者是无法用绝对的确定性来衡量的。[12] 虽然这一科学突破也解释了许多以前令人困惑的问题（正如开普勒和牛顿的工作所做的那样，却产生了相反的效果），但它也提出了一个观点，即世界可以被描述成这样一个完美的体系。

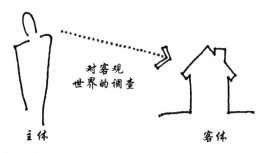

对客观世界的调查

主体　　　　　客体

图 2.1　实证主义和后实证主义认为人与世界截然不同、彼此分离，知识是通过调查建构的

后实证主义通过提出一种世界观对困境进行了回答，它略微改变了研究范式，承认现实只能被接近而不能准确地实现。在后实证主义者看来，这种接近既体现在物体的波动上，也体现在执行研究的能力上。这样，后实证主义的本体论就推进了一个仍然被视为独立对象的世界，由信息和待识别的原则组成；然而，这些数据取决于只能部分理解它的个人之间的差异。后实证主义的认识论保留了主客体关系，但对其进行了修正，所以描述的目的是尽可能准确，而不是绝对准确。知识并非是绝对正确的，但很可能是正确的，直到被证明是错误的为止。此外，因为无法获得准确的数据这一点引入了主观主义的因素，观察者的价值观偏差也成为这种关系中公认的一部分，也就是说，因为现在显然无法从世界上提取完全准确的信息，个人的价值观就可视为一种影响因素。作为主体，人在世界知识的创建中起着重要作用。虽然每一次尝试都力求公正，但价值观被视为过程的一部分。该方法论仍然将世界视为一个对象，并对世界的观察和测量进行量化。然而，它承认这些解读是不完善的，并且包含了可定性的元素。

## 批判理论

爱因斯坦的成就不仅为我们提供了重新思考实证主义的机会，也给我们带来了认真思考不同世界观的机会。尽管大多数传统科学都将后实证主义视为下一个有着最密切联系的信念体系，但其他本体论、认识论和方法论的立场现在也得到了重新审视。这些世界观对现实、知识及其之间的关系提供了完全不同的理解，但可以认为它们是同样健全和一致的。虽然这些观点存在已久，但新的范式给它们带来了关注和正统性。

批判理论是对 20 世纪兴起的一种世界观的总结。它提出，现实是被认知塑造的，而不是被揭示的，因为对世界的任何解释都受到个人价值观的影响。批判理论将个人偏见问题纳入其中，承认这种影响不可忽视，甚至不能作暂时搁置——个人和世界的联系密不可分，因为探究者的观点和信仰在界定现实方面起着关键作用。这一范式没有试图解释这些偏见并"纠正"或补偿它们，而是提出，这些先前观念的结合使我们能够准确地描述世界，因为这些偏见是真实的，并改变了人们对世界的理解方式。社会、政治、经济、种族和性别等被视为影响现实的力量，有助于塑造存在。

　　虽然实证主义和后实证主义可以表示为一个主体—客体模型，在这个模型中，主体是客体内部信息的被动接受者，但批判理论认为主体是这种二元性的主动部分，因为现实是通过一个人的价值观塑造的。主体与客体相连，是因为世界与探究者之间是一种协作关系。虽然技术上我们可以把批判理论的认识论描述为主观主义，因为已知的东西是被探究者持有的价值观所影响的，但也可以简单地说，知识是被塑造的，其中涉及人和环境的因素。承认个人持有的先入之见提供了对范式的洞察力，因为这确立了人与世界之间的调和的性质。例如，我们可以理解经济影响生存，因为金钱和资源是我们理解现实进程中的一个组成部分。批判理论家不可能在脱离这种影响的情况下解释现实，因为世界是由这种力量塑造的。批判理论的方法论是在对世界的观察和探究者的价值观之间进行辩证对话。这种对话创造了一种对现实进行解释的有根据的和批判性的理解。

### 建构主义

　　建构主义类似于批判理论，是一种理解现实受探究者影响的范式。

　　然而，建构主义并没有受到价值观的影响，而是将对过去事件和背景的理解和经验汇集起来，从而创造现实。虽然这些观点在不同的探寻者之间可能有所不同，因为每个人的感知和遭遇都不一样，但这些观点的集合形成了对存在的共同理解。丰富而复杂的情境结构确立了这一观点的准确性。这种范式的认识论是主观主义

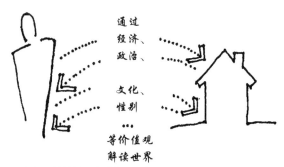

图 2.2　批判理论认为，现实是通过价值观塑造的，因为对世界的认识是由诸如经济、政治、文化、性别、种族和其他力量等影响因素来定义的

的，因为所知道的事情是通过探究者的理解和经验创造出来的，一个人的事件和情况的历史背景以及他对其他历史和背景的意识塑造了个人的世界。主体与客体以这种形式结合在一起，共同塑造现实。以这种方式构建的现实可以从生活在世界某一特定地区的公民身上看到，因为它是通过成长于和参与这种环境获得的经验和认识形成的，从而形成个人对周围的自然和建筑环境的了解，以及对该社会的历史和进程的熟悉。他们的世界是一个包含并由这些理解和经验形成的建构体。他们在现实中的信息来源于在时间的推移中的这种参与，这种参与既是精神上的，也是情感上的和肉体上的。这种范式的方法论是解释学的和辩证的，从所有历史和视角构建了一个深刻、复杂和平衡的世界结构。

　　建构主义有时会与相对主义联系在一起，相对主义指的是一种思维方式，这种思维方式允许一个人有选择地忽略信息，以便按照自己的意愿定义现实。

　　然而，建构主义并不会因为赞成特定的理解而忽视其他的理解，因为这与建立一个真实世界的描述是相悖的。一个准确的现实是建立在各种各样的理解和经验中的，无论是否混乱。建构主义不妥协于思想的多样性，也不会通过简化它们减少其影响。所有的观点都应得到倾听和尊重，从而创造对世界的复杂理解。矛

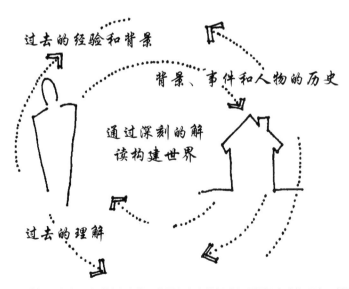

图2.3　建构主义认为，一个人通过对过去事件、背景和个人的经验和理解组合建构现实，并形成深刻而复杂的解释

盾通常被认为是范式的一部分。与批判理论一样，价值观也会影响世界观；然而，一个特定的价值观并不能在形成理解中起主导作用。许多价值观都可以参与创建对世界的知情描述，并且它们是以协作的方式使用的。在这种情况下，建构主义就是一种广泛的、包容的世界观。

　　这四种范式合在一起后，为描述对现实、知识以及这些知识的获取途径的理解提供了一系列可能性。在更好地了解这一系列知识后，我们就可以清楚地比较我们对世界状况所作的假设，从而更好地了解我们的工作基础。现实可以被看作一个独立的实体，它可以被精确或至少近似精确地揭示出来，也可以理解为与我们有着千丝万缕的联系，被我们的价值观所塑造，或者与我们有着完整的联系，因为它是我们集体和个人历史、经验和思想的建构。虽然这些对比呈现出直截了当的不同之处，但我们也认识到，识别这些范式并确定与之相关的范式并不简单。范式不容易被讨论，因为通常会认为它们没有证据，而且深入我们的思想，使人们很难意识到它们的存在并厘清影响。对它们进行评估不是一项日常或例行的活动。在其他人的工作中确定信念可能更加困难，需要大量的探索，且没有任何能确定范式基础的保证。然而，如果世界观得到确认，那么就有可能对基于世界观的工作有进一步的了解。

## 世界观的不和谐性

　　每种类型的世界观都可用于建筑学的理论化。当我们研究学科内的讨论，意识到这些讨论是基于对现实、知识以及对它们的获取方式的各种理解时，这一点是很明显的。尽管某些历史时期可能包含了表明主导范式存在的文本，但我们当前时代的情况包含了许多能够被识别出来的范式，并为不同的思维方式提供了坚实的基础。这反映了利文斯顿对许多"调查路线"的认可，已经支持在单一学科中接受多种类型的澄清活动的主张。[13] 这种多样性能够在不需要建立共识或一致性的情况下蓬勃发展。虽然看到世界观的多样性意味着放弃能够连贯地结合建筑学中的所有理论的某种单一范式的可能性，使我们从理解和操作多种观点的能力中获得更多益处。

如果这门学科的所有思想都建立在一个世界观的基础上，建筑学将是什么样子？ 想象建筑在一个范例中运作，就是想象一个对现实和知识有共同理解的运转实体，这就为"宏大理论"创造了机会。[14] 也就是说，存在这样一种可能性：在任何学科中，只有一条主要的调查路线是合理的和被接受的，从而赋予工作整体性和凝聚力。许多科学都处于这种情况中。例如，化学在很大程度上采用了后实证主义的观点。对化合物及其组成物质的本质的探索主要来自一个单一的信念体系。一条探索线路产生的情况允许澄清活动之间进行大量协作，并且有可能制定一个可以用来解释无数事件或观测值的定理。地质学是另一个例子，它涉及一个有趣的思想演变：地质学家介绍了许多地球组成及其运动的方法的解释，创造了许多能够描述各个方面的定理。然而，一直到板块构造理论出现，从岩石类型和化石位置到地震带和大陆构造的一切才可以用一种通用说法进行解释。地质学可能已经受益于后实证主义的基础，然而，对这样一个强大而清晰的观点进行确认不仅建立了一个范式基础，而且建立了一个特定的"探究线路"，使所有的解释能够和谐运作。像所有的"宏大理论"一样，这一理论阐明了大量的信息，并通过主导学科的一条调查线对其加以支持。在整个历史进程中这些类型的理论偶尔会出现，它们在很大程度上运用了同一种世界观，并且能够看到一个连贯联系的系统。

对于涉及各种世界观的学科，不能排除"宏大理论"的发展。然而，这种占主导地位的解释通常只在使用一种普遍范式的领域得到支持，因为人们通常对目前的情况有着基本的一致意见。在一门涉及许多信仰系统的学科中提出的"宏大理论"很难说服各类探究者接受同一种特定的澄清方式。例如，社会学可能会提出"宏大理论"，但由于没有一种范式能主导这门学科，因此总会有某个重要的派别不同意这一观点。社会学中的批判性理论家可能会提供一种以性别为中心的社会解释，而建构主义者则认为这只是众多影响因素中的一种。尽管试图以任何方式解决这些冲突都很困难，但我们从未停止过寻找可以用来解释一门学科的全部的说明方式，尽管它的合理性存疑。许多思想家试图通过"宏大理论"诠释他们所看到的建筑的整体，但这些诠释尚未被专业人士所采纳。提出的这些总体理论中有许多可能一开始就没有说服力，架构中存在的不同基本信念系统增加了实现单一解决方案的难度。

尽管 "宏大理论" 的可能性仍然存在，且即使似乎不太可能发生也不应被排除，建筑学中的许多世界观表明该学科依然健全而复杂。不同的信仰体系创造了一种环境，在这种环境中，许多澄清的活动都争相提出真实和准确的解释，做出自己的贡献。由于没有单一的主导世界观，该理论提出的一系列工作都能够以多种方式对该学科进行讨论。也许有人认为 "宏大理论" 是有用的，但我们也可以这样理解，拥有各种各样的探究路线是一门健康学科的标志，因为这代表它可以通过不同的信念进行理解。对这些解释的认识提供了合理的、能进一步支持这种理解的描述。一门在其理解和探索的可能性中包含多样性的学科可以看作有力量和有深度的学科，从而建立起大量理解和推进其工作的方式。此外，它还提供了一个机会，让我们看到各种观点是如何 "结合在一起" 的，并利用所有可能的最佳选择，对当下的情况进行更具包容性的描述。[15] 在这种情况下，任何学科中的世界观其实都有很多不和谐之处。

## 学科中的世界观

对这些范例的简单认识有助于建立一个广泛的基础，使我们能够实施在体系结构中起作用的研究路线。这些世界观的区别展示了在该学科中发现的各种各样的方法。不再积极考虑实证主义范式的同时，我们也能看到它已经被提供客观主义理解的后实证主义视角所取代。这是对批判理论和建构主义的主观主义立场做出的另一种选择。所有这些范式都做出了应有贡献，它们一直是并将继续是设计对话的活跃组成部分。多年来，随着人们对不同观点的兴趣的起落，我们可以看到这些范式的重要性也发生了变化。然而，所有这些观点都仍然在使用和探索中，通过发掘许多不同的世界观保持学科的发展。

后实证主义在这门学科中被看作一种观点，它试图将环境视为一个对象，具有从物理到美学都可以通用的性质。这一探索变成了一项任务，即把世界上的一切都编译成可量化的数据。对这些特性的了解旨在为设计提供坚实的基础。建筑中的许多方法都包含了可量化的信息，其中一个比较著名和有影响力的方法称为行为科学。行为科学寻求以一种客观的方式理解人类行为，既理解建筑中的用户，也对专业方法进行概述。在 20 世纪 60 年代，行为科学作为一种主导范式促进了对建筑中出现的专注于美学和形式，而不是人类需求和舒适问题回应，这些问题在密苏里州圣路易斯（St. Louis）市普鲁特·艾戈（Pruitt Igoe）的现代主义住宅项目中很常见。[16] 通过将设计工作建立在对环境全面和经过测试的知识上，而不是设计师的观点上，行为科学旨在使设计成为一个更加明确和直接的过程。有关世界的信息因此得以记载和积累下来，以供该学科使用。此外，还出现了明确设计过程的意识，这不仅可以避免混乱和谜团，还可以更好地支持协作工作。

一个把世界看作可以被审视，且复杂程度可以被认识的对象的范式，对学科是非常有益的。如果我们能了解有关建筑、环境系统、文化、人类舒适感和吸引力等话题的原则和信息，就可以建立一条有效设计的研究路线。根据这种观点进行工作的建筑师相信，这种对世界的了解是对能够解决这些关键问题的理论的有力支持，并提出了一种有价值的设计方法。例如，对气候理解的讨论可能包括季节性太阳角度、温度范围和降水信息的知识。为了建立这样一个知识库，许多研究者投入了大量的时间研究环境，并坚信对世界的了解越多，我们的理解和工作就会得到越多的启发。

虽然这一范式在 20 世纪 60 年代曾横扫整个学科，甚至影响了设计的教育，但它从未达到"宏大理论"的地位，部分原因是信息难以处理以及对设计过程的描述与实际之间的差异。[17] 事后看来，环境提供的素材比任何设计过程都要多，因为设计师们会研究从光学响应、人体工程学到热特性和声学特性的一切。这些信息可以说是重要的，但处理起来却很繁杂。我们还需要优先对它进行考量而不是单纯的应用，而且关于环境响应、美学或其他信息的等级和重要性顺序的问题尚不清楚。单凭数据无法确保一条调查路线一定取得成功。然而，除开这些问题，许多探索者依然在这个范式中继续运作他们的工作，以建立一个知识库，并推进一条将世界视为一个可量化的对象的探索路线。虽然范式不再被视为一个最终的解决方案，但它毕竟提供了集中和明确的理解，该观点仍有巨大的价值。

## 科学方法：格伦·马库特的后实证主义范式

如果采用客观的世界观，我们就会用被认为是"真实"的事实来定义现实，这些事实结合在一起能够建立起一个知识库。由于经过深入研究和结构有序的环境数据能够直接为工作提供信息，这种范式已经被设计师们普遍运用。建筑师通常关注天气、材料性能等类似可以量化的问题。格伦·马库特就是其中一位洞悉于此的建筑师：他的建筑作品在微观和宏观层面上展示了对气候条件的回应、场地的特有特征，以及该地区的植物和动物、区域文化和族群结构、材料和一系列其他问题。

马库特在介绍自己的项目时，会不遗余力地阐述场地及客户的特殊特征。[18] 他会注意到项目所在地的经纬度，解释海拔、风况以及与其他地理特征的关系。他不仅会了解该地区的所有动植物，而且还进行现场研究，了解土地坡度、土壤条件和其他此类因素如何影响植物的生长或动物迁徙的模式。他会了解冬夏两季的光照角度，包括冬至夏至日出日落时地平线的确切位置。文化属性也能得到理解和认可，包括所有本土习俗及族群结构和习俗。他对这些信息的吸收和运用程度不容小觑。他解释道：

> 小时候，父亲曾教给我有关景观的知识。学习景观并不等同于学习植物的名字，而是学习理解土地的结构和秩序。父亲带我到一个山坡上，会指出为什么某些植物能长在现在的地方，以及生长在山坡上不同地方的同类植物会有多大区别。例如，一棵生长在山坡上的安哥拉树（雪梨红胶，桉树）与生长在山顶上的同类植物完全不一样。几万年来，雨水把山顶上的营养冲刷殆尽，山顶的地下水位很低，风力也很强。山脚的地下水位则比较高，土壤比较肥沃、养分多，风力也比较弱。这些树比山顶的树长得更笔直，你可以看到山顶的树被风吹得歪斜或横倒。[19]

他不仅了解树木种类，而且还了解直接条件产生的影响，其熟练程度表明他理解和尊重经验信息。广泛了解这类信息，在他的工作中起着重要的作用。

一个科学的观点能对某种情况分辨出什么是准确的或真实的，从而确定现实和知识。数据评估通过客观的视角建立起理解。马库特在他对建筑的描述中反思这一点，指出它是：

> 一个奇妙的发现过程的表达……就像一个科学家在某个层面上，不知道答案，但知道通向它的路径，发现之旅……我们不是创造它，而是发现它。创造体现了一种傲慢、一种精英主义、一种天生的东西。我看不到这些。[20]

马库特明白这个发现过程依赖于一个完善的知识库，这个知识库与高质量建筑学有关。马库特认为："伟大的诗性潜能来自功利主义。我无法将理性与诗性分开。"[21] 对事实信息的掌握不仅支撑而且引导设计过程。

重视一种科学方法是建筑学成功的关键。马库特认为，这些信息需要作为设计的基础。他说：

> 我们的专业已经丢掉了大量的经验知识，像是避免设计出一个蹩脚的楼梯、一个冒烟的壁炉，或者一个淹掉的屋顶排水系统等的所有经验法则。曾经，应用这些经验法则，即使平庸的建筑师也能成为设计合理的建筑师。问题远不只是一名即将毕业的建筑师能否高效地设计落水管或遮阳板，或者能否在墙面上合理地开口。基础知识的丧失和当代对设计原则的漠视，反映了人们就什么适合教授给建筑师的问题上态度的巨大转变……我们不再教导建筑师走出去测量现实世界或者观察自然现象，因为我们相信与先进的技术相比，这种老旧的测量方法过时了。[22]

对马库特来说，他的世界观能够让设计师从确凿的事实信息出发进行创作。深刻理解一种完善的知识库可以为设计提供一种可靠、可重复、可扩展的方法。虽然该系统的可靠性和直截了当的属性看起来可能是客观和遥远的，但它也是有可能助力创作出合理，甚至诗意的建筑。

　　需要指出的是，这种观点仍然包含不易衡量的方面和问题，而不是假定它仅局限于事实数据。尽管如此，一种强有力的客观方法是能够解决这些问题的。马库特指出：

> 大多数建筑师是没有信心和力量影响和塑造城市政治和经济体系的。如果这个行业必须同这些力量相抗衡，那么就只能通过建筑师在我们的文化背景下深入理解生态和设计原则才能做到。[23]

　　通过建立一个由客观理解塑造的环境，马库特看到在此过程中社会其他方面的问题也得到了解决。凭借对数据的深入理解发展建筑学可以改善总体状况。

　　虽然马库特明显重视并致力于事实知识库，但他对政治经济制度或诗性思想的评论表明，他认为世界不仅仅是客观信息。这些参考资料表明，他承认日常生活中的复杂性以及不可测事物的存在。因此，重要的是我们不应片面理解马库特的作品，认为并将其描述为严格的后实证主义者，而不考虑或承认其他影响。如果我们对他的观点做出片面的解释，我们会不公平地将他的观点归类，并与马库特所认同的其他因素相分离。对于马库特和其他人来说，很明显，采用了一种特定的范式，对一种方法的解释也会变得片面——这一点会让个人观点和工作的描述以及我们对情况的理解都发生短暂的改变。

　　批判理论和建构主义的范式常常被认为是建筑学思想的基础，并提供了一种后实证主义世界观的有力替代品。由于这些观点提出了一种通过价值观和经验看待世界的方式，所以它们似乎与设计中的创造性思维有着天然的联系。在建筑学中，这些范式涉及批判理论、结构主义、后结构主义和现象学等观点。它们提供看待自然界中的主观主义世界的方式，承认个人在现实理解中的作用。虽然林肯和古巴明确提出这些范式之间的差异，但在建筑学中，批判理论与建构主义的区别却不甚清晰。然而，这些范式之间的区别仍然可以更多地看作以一种辩证的方式应用批判理论，在特定价值观与世界之间进行协调，而解释学方法在建构主义观点中占据主导地位。

批判理论提供了一个观点，即世界是由政治、经济、社会、性别或其他类似力量等价值观塑造的，而采用这种思维方式的设计师将这些问题视为创造建筑环境的强大因素。经常从事特别是物质景观方面创作的个人，很容易将这些影响与现实的创造联系起来，因为他们将这些影响与其所做的工作联系起来。受马克思主义启发的探究者，诸如肯尼思·弗兰姆普敦提出，一个由经济社会变革所带来的标准化和现代化所形成的世界。批判理论也可以涉及诸如多洛雷斯·海登这样的探究者，他们认为现实是受性别、经济和文化影响的。她对郊区的看法认为，企业和政府应该识别和支持男女角色之间的差异。在理解现实和知识方面起主导作用的价值观使不可量化的因素得到承认。这些影响的力量经常出现在我们的日常生活中，并且可以说是跟物质环境中的元素和属性一样具有影响力。我们能够看到这些价值观和物质世界之间的对话，因为探究者通过在她所持有的价值观和对环境的观察之间开展工作来丰富对现实的认识，从而得出一个明智的、有论据支撑的解释。通过平衡观察和价值观的关系，批判理论著作能够为这门学科提出强有力的和有说服力的观点。

# 性别的作用：多洛雷斯·海登的批判理论范式

伊冯娜·林肯和埃贡·古巴将范式描述为"单纯的信仰"，指出对于如何理解现实、知识或如何获得知识，没有唯一的正解。[24] 虽然这似乎是无穷尽的，但我们知道，可以用四种不同的方式概括各种可能性。然而，其中一种可能性——批判理论引发进一步澄清活动的必要性，因为世界和知识能够以广泛的价值观来看待。经济、政治、性别、种族和文化等力量，都能调解现实和知识的不足，形成一种独特的方法。不同的个体通过识别不同的价值观来塑造特定的方法。建筑历史学家多洛雷斯·海登提出了一种观点，考虑到性别的影响，为理解世界和已知事物做出了令人信服的论证。她在《美国梦的重新设计：性别、住房和家庭生活》（*Redesigning the American Dream：Gender，Housing and Family Life*）一书中，指出：

> 美国的住房危机复杂得令人不安，这场危机以不同的方式影响着富人和穷人、男性和女性、年轻人和老年人、有色人种和白人。我们不仅面临住房短缺，而且还有一系列更广泛的需求未得到满足，原因就是整个社会努力融入一种住房模式，跟 21 世纪的现实相比，这种模式更能反映 19 世纪中期的梦想。独栋郊区住宅已与美国经济的成功和向上流动的梦想密不可分，并且遍布美国经济、社会和政治生活的方方面面。由于此类住宅的大规模建造，从 20 世纪 40 年代末开始，美国的国土面貌发生了改变。[25]

海登对当前"现实"的讨论告诉我们，存在是由"未被满足的需求"组成的，广泛影响个体。她对世界的描述是由支配和支持一种生活方式的力量形成的，这种生活方式在很大程度上是由刻板的性别角色所定义的，实际情况和期望之间产生脱节。性别如何塑造我们的现实得到人们的认知。

海登明白，她对世界的看法并不为大多数人所认同，但她认为，她看待形势的方式是对不应忽视的问题的准确描述。缺少对另一半人群考虑的理解很容易被认为是不真实或不完整的观点。海登不仅注意到缺少与她的观点志同道合的思想家，而且也承认解决现实问题需要改变。她评论说："在所有反对无计划扩张的作品中，对女性群体存在一种奇怪的沉默。如果不对妇女作为挣钱者或养育者的态度进行批判性的重新审视[26]，邻里关系或可持续性的新理想就不可能盛行。"虽然性别问题塑造了现实，但面对这些问题的无能促使我们继续营造一个忽略这些价值观的环境。

为了证明这种对现实的理解，海登继续熟练展开广泛的研究，展示了从企业营销到政府政策的各个方面如何促成一个性别不平等的环境。她说：

在 20 世纪 40 年代末，美国建筑商大规模建造住宅作为避风港，为了适应这种模式，我们的城市区域发生了转变，产生了特有的社会、经济和环境方面的缺点。在过去的 60 年里，政府补贴项目将大部分的住房资本集中在独栋住宅上。1999 年，美国大约有 80% 的住房是在 1940 年之后建造的……这些房子体现了维多利亚时代关于"女性地位"的刻板印象，独户社区则将家庭与工作和公共生活进行分离。住宅和社区共同营造了一个不适合 21 世纪生活的性别建筑。[27]

从对建筑环境以及各种各样的政策和统计数据的了解来看，她对世界的看法是有根据的。她能够证明自己的观点有广泛支持的论据，并形成一种局面：她所呈现的范式需要得到尊重和严肃研究对待，这会影响读者调整甚至完全转变对现实的理解。海登以一种能够影响我们世界观的方式探讨了性别的价值，建立了一个令人信服的范式。

建构主义也提供了一种主观的世界观，然而这些世界观是由探究者的经验积累和理解所造就的，是从共识和妥协中确立的一种立场，而不是一种辩证关系。在建筑学中，从对历史、文化、事件、信仰、感知和其他类似因素的理解中所产生的一系列探究，形成了一种认知并理解复杂背景带来的影响的现实观。这是一个将个体对自身感知的现实的理解建立在个体所经历的事件以及对这些事件的解释之上的观点。对世界的理解能够通过不断的思考和不断建立联系，扩大对形势的理解，达到深刻和复杂的程度。现象学家史蒂文·霍尔（Steven Holl）对历史和感官创造的现实进行讨论，对从文化到质感的一切做出反应。有关结构主义和后结构主义的研究，诸如彼得·埃森曼所思考和探索的，呈现了一个社会建构的世界。雷姆·库哈斯写就的《癫狂的纽约——一个曼哈顿的追溯宣言》一书提出了一个有趣的书面文化历史，混合过去的事件和人类行为，对纽约城市进行富有见地的审视。这种叙事方式，呈现出一种观点和问题的丰富结合。尽管库哈斯和如珍妮·甘等设计师花在理论讨论上的时间较少，他们更关心复杂性如何影响设计，但他们的活动仍可被视为推动各类问题融合的积极工作，涵盖消费主义、技术、可持续性和生态系统等一系列问题。尽管这些观点各不相同，但都提出了一个通过价值观、历史、环境、事件和见解的结合创造的现实。把这些理解集合起来，不断地回顾和扩展这些联系，就可以对我们所处的形式做出一个丰富而有见地的解释。通过这种方式，建构主义的研究路线提出一种包含各种关键问题的观点。

## 叙事与研究：库哈斯建筑的建构主义方法

在某个历史的特定时期，可以将单一的范式确定为群体之间或特定学科中的主要思维方式。从一组信仰的偏好转向另一种信仰，甚至可以被认可。近几十年来，以建构主义为基础的世界观的发展被视为建筑学中一股崛起的力量，解决了一种流行的批判理论观点不充分的问题。雷姆·库哈斯是参与这场运动的其中一员，他是荷兰建筑师、城市主义者和理论家。通过追溯他的著作和实践的演变，揭示了这种范式在其作品中的作用，以及这种世界观在行业中的变化。

1978年，库哈斯出版了《癫狂的纽约——一个曼哈顿的追溯宣言》一书。库哈斯将这部作品解释为一个虚构的作品，回应了该市提供的如同"连续山脉的证据"。[28] 他说：

> 这本书是对曼哈顿的一种解读，给曼哈顿看似不连续甚至不可调和的章节赋予了一定程度的一致性和连贯性，这种解读意在将曼哈顿创作成一种未经复制的理论即曼哈顿主义的产物，曼哈顿主义——存在于一个完全由人类捏造的世界中，也就是说，存在于幻想之中——如此雄心勃勃，以至于要实现它，就永远不能公开地说出来。[29]

书中讨论了纽约市所提供的复杂而独特的城市环境，但完成这一点，却集合了一系列不同的过去事件和情况。在建筑师为他们的作品提出许多

深思熟虑和坚定的宣言时，本书被设计成一个过时的假设性宣言，并公开
谈论理论，带有一种不常与主题相关的任意性。库哈斯在开篇指出，这本
书捕捉到了对城市环境的不完美理解，他说："书中描述了一个理论上的
曼哈顿、一个猜想的曼哈顿，现实的城市是妥协和不完美的实现。"[30] 作为
一个虚构的叙事，库哈斯认为本书可以让他在当前的"主义"语境中进行
探索，而不需要发展或推动某一个主义。[31] 考虑替代方案的可能性可以与一
个多样化和可接受的语境联系起来。库哈斯回顾了纽约市建筑与城市研究
所的经历，他说：

> 当时，该研究所在联盟中可能没有那么严格，也没有那么死板。在
> 那个时期，某个时候，或者某种程度上，在纽约没有一个人是我不同情，
> 或不与之联系的，或者在某些方面他们也涉及我正在做的事情……这个
> 故事中最大的未知是马蒂亚斯·昂格斯（Matthias Ungers）的影响……
> 米歇尔·福柯当年也碰巧在那里教书，还有赫伯特·达米施（Herbert
> Damisch）。[32]

这些人的作品支持对一些话题和思维方式的探索。例如，福柯的哲学
推进了由社会和文化联系构成的现实和知识，引入丰富的思想，接受新的
理解结构，重新构建了对语境和关系的看法。随着伯纳德·屈米对后结构主
义作品诸如 20 世纪 70 年代早期在伦敦建筑协会的亨利·列斐伏尔（Henri
LeFebvre）和让·鲍德里亚（Jean Baudrillard）的作品的授课形成的影响，库
哈斯做好充分准备，重新思考该学科中的传统观点。[33] 与全球化、自由市场
经济和政治动荡的时代相匹配，库哈斯意识到有机会尝试过去几十年建筑中
出现的复杂性和多样性。

这种情况可以与建筑的批判理论方法形成对比，在这种方法中，现实是
通过价值观和世界观之间的协调形成的。作为这一时期的主导思想，从批判
性观点出发的方法提供了一种理解，这种理解总是与它如何反映价值观和信

仰有关。这一观点涉及众多讨论，如肯尼斯·弗兰姆普敦的批判理论和多洛雷斯·海登的性别和建筑观。这一时期的一个值得注意的文本是 K.迈克尔·海斯的《批判性建筑：在文化与形式之间》，如该文中透视图 21 所示。[34] 这种文化和形式的配对引入了如何协调这两种力量的问题。库哈斯作为这一观点的著名反对者，在 1994 年加拿大建筑中心的一次活动中公开谴责了这种方法。库哈斯指出，这些讨论"无法认识到，在建筑学的最深层动机中，有一些东西不可能是批判性的"，他提出了这个观点的基本假设。[35]

　　在这一事件发生几年后，罗伯特·索莫尔（Robert Somol）和莎拉·怀廷两位建筑学者联手撰写了《关于"多普勒效应"的笔记和现代主义的其他心境》（Notes Around the Doppler Effect and Other Moods of Modernism），它提出了一种"投射式"建筑学。[36] 这种方式被描述为不是通过对立的谈判进行，而是通过投射不同的情况向前推进，类似于多普勒雷达通过汇集各种信息来运作。该领域的另一位学者迈克尔·斯皮克斯（Michael Speaks）也提出了一种非批判性的建筑学方法，他将建筑学与商业和政府情报机构的工作模式进行了比较。[37] 然而斯皮克斯的提议似乎更多地侧重于一种行为，而不是一种思维方式，用清晰的图表呈现出项目需求从而决定建筑，将旷日持久的争论搁置一旁，采用更自由的方法。

　　虽然库哈斯是新建筑学的杰出领导者，但可以看到不论在提出这一方法的理论理解，还是参与理论的一般讨论的事务中，他已然退出。在 20 世纪 90 年代，在《癫狂的纽约 —— 一个曼哈顿的追溯宣言》中发表了"非公式化理论"之后，他在《S，M，L，XL》中提出了 5 个定理作为"大理论"的一部分，但在他后来的出版物和最近的谈话中，这个主题并没有成为中心议题。[38] 如果有这个主题的讨论，通常是由那些最近与他交谈或谈论他的人发起的，或者他引用了这个术语，但没有指明具体的延展。库哈斯似乎把重点放在重新审视他的教育哲学观点上，采取一种"少从建筑学的角度，多从社会或人类学的角度"的工作方法。[39] 这可以从他的作品和设计中看出，这些作品和设计对从计划和实用主义到全球化和资本主义的各种力量进行了探索。

然而，在整个演变过程中，他始终坚定地反对批判理论的世界观，他最近评论道，"弗兰姆普敦是个聪明人，但问题是，他把地域主义视为世界主义发展的解毒剂。在这样做的过程中，他歪曲了地域主义的原有，突然间，地域主义变成一个私人缘由被调用起来，无法维系下去"[40] 对库哈斯来说，批判的内在问题根本不是如何看待世界。无可争辩的是，他形成了一股杰出的力量，使建筑学摆脱了在 20 世纪末起着重要作用的批判理论信仰，并引入了一种可以理解为以建构主义范式为基础的工作方式，集合了各种各样的认知和叙事。

虽然后实证主义行为科学在几十年前暂时主导了学科的思维，但批判理论和建构主义的范式也成为主导建筑学思维的基础，尤其是最近几十年。然而，与行为科学一样，这些研究路线从未产生过在该学科中达到"宏大理论"地位的工作成果。近几十年来，批判理论在其对标准化的审视中获得了突出地位，引入了有关构造、工艺和材料的重要对话。随着结构主义、现象学和其他主观主义研究在欧洲哲学家的影响下蓬勃发展，建构主义努力在这门学科中得到承认。然而，无论是基于批判理论的工作，还是与建构主义相关的活动，都未能形成一个令人信服的论点，说服每个人对建筑采用一种特定的思维方式，结果是这门学科仍然继续在几个方面展开研究。

这种看待学科的方式可以被视为建筑师享用着许多健康的设计探究系列，而不是只接受单一主张的指导。虽然所有的范式都可被视作为建筑学提供重要的观点，但它们并不是孤立的。范式中有许多共同的观点。例如，客观的后实证主义关于环境的观点常常与将伦理或环境价值纳入对话的主观主义的、批判理论家的观点一致。虽然这些研究路线之间的区别对于帮助我们理解任何理论基础上的基本信仰以及这些澄清的发展方式非常重要，但我们可以看到，这些范式并没有在它们之间形成难以沟通、牢不可破的界限。关于理论和定理的讨论和解释可以从产生这部作品的世界观之外理解。虽然我们能够认识到包含丰富的组成方式的澄清活动和由此产生的澄清结果，但很明显，这些区别和关系包括信仰系统，为此学科提供了基础。

## 一致性的重要性

驾驭一门涉及许多范式的学科意味着我们需要在一系列的信仰体系和方法中工作，但如果我们要掌握这些立场更为完整的含义，也要求我们能够理解和评估这些观点。我们有可能在不知道潜在观点的情况下在许多范式之间进行交流，这是一种常见的情况。然而，寻求思想和行动的一致性要求我们需要努力从最初的信仰到之后的终点都保持一致。无数可能的信仰和观点可能也应该被任何一个探究者所审视，然而产生的成果不仅需要理性和清晰，而且需要始终如一，这样才值得努力。

在一个涉及许多世界观的学科中工作遇到的困难之一是，这些系统通常是隐秘的，并且在任何特定的时间都没有明确的交流。所采用的观点不够清晰，可能是因为理论家或设计师尚未对这些基础进行充分的探索，或者根本没有以一种方式对它们进行讨论，明确使用的是哪种信仰体系。范式的识别可能不是必要的，但是如果要研究、推动和使用这些想法，那么它是有用的。通过检查关于事实、知识和如何知道这些的证据的定理，可以观察和确立世界观。我们对任何作品的研究都能让我们揭示世界观、检测范式、回顾有关如何看待世界的讨论。这为信仰系统提供了一个机会，不仅被认可，而且被批判性地反思，评估它们如何运作以及它们提供了什么。通过对现实和知识感知差异的基本认识，个体能够看到这些观点如何影响对建筑的理解，并推动设计中的话语方向。

此外，接受众多信仰体系在建筑学中发挥作用一举表明，对所有这些观点，不仅需要包容，而且需要了解，以便更全面地把握该学科及其作品。各种解释和发展的存在意味着必须能够真诚地领悟对存在和知识的各种理解。开始理解该学科的工作范围取决于对所有世界观的彻底和明确的尊重。似乎这门学科需要多种语言的知识；通晓其他信仰体系能够洞察理论，否则将是迷惑或错误的解释。在认识到这些差异的过程中，该学科支持鼓励多种方向和发展的多样性。

自相矛盾的是，一个人通常不会对自己的信仰体系进行回顾，除非至少有一种选择被认可。评估信仰往往只有在提出不同的范式，并对各种可能性进行反思之后才会出现。识别每个系统的优点、缺点和愿景是在系统相互关联的情况下发生的。比较和对比这些观点让我们能够理解每一种观点提供了什么，哪一种似乎最符合个体构建世界的方式。如果个体仍然不知道或否认其他世界观的可能性，那可能是他不熟知或者无法明确地描述自己的信仰体系。在一个范式中运作并不需要一种超越这个范式并反思它或其他选择的能力，由此就不难理解有多少人从不质疑自己是如何定义现实和知识的。只有通过世界观的比较，一个人才能看到其他的可能性，并开始对自己所采用的信仰体系进行批判性反思。

对世界观的批判性思考对于理论化来说是一个重要的事件，因为它建立了一个探究者将要建立的对世界的理解，从而以这个信仰体系来推动作品。一旦认知到各种可能性，人们往往试图采用一种暂时的世界观以阐明对他来说什么是正确的和有吸引力的，正如林肯和古巴指出的选择是"信仰的飞跃"。[41] 在这一过程中，目前持有的信仰体系可能会变得明确且需要重申，然而，对所有备选方案的分析可能会促使一个人转向另一种世界观，这种世界观更能匹配他的理解，且具有更大的潜力。例如，阿尔多·罗西（Aldo Rossi）的作品就可以解释这种替代，他首先通过一个客观的框架来解释建筑，这个框架在本质上是后实证主义，但后来改成了一种叙事性的描述，可以看出它是建立在建构主义世界观的基础上的。对这种举动不可掉以轻心，它也不常见；对罗西来说，这可能被视为也可能不被视为世界观的转变。他有可能认为，这是一种确定实现更准确描述的方法的扩展过程。从一种范式到另一种范式的转换是一个不寻常的事件，然而这类工作指向一种重要的深度反思，反思涉及一个人观点的连贯性和如何完美描述他们的探索。

## 范式的转变：阿尔多·罗西的视角转变

虽然许多人从不质疑或讨论他们如何看待现实或知识，但也有一些人深刻反思这些话题。那些参与这种反思的人通常能够识别自身所采用的范式，并与其他世界观进行对比，了解如何将他们的信仰体系与其他信仰体系进行比较。通常，一个人始终通过一种范式看世界，但总是有可能从一种范式转向另一种范式。建筑师阿尔多·罗西对这种变化提供了见解。可以看出，现代主义和科学对 20 世纪 60 年代建筑领域的影响也对罗西早期的作品产生了影响，罗西在《城市建筑学》中对这两种力量进行处理，对城市进行分析。他似乎确立了一种客观理解的观点，可以与后实证主义方法联系起来，并指出：

> 现实规律及其修正构成了人类创造的结构。本研究旨在组织和整理这些城市科学的主要问题。对这些问题的总体研究及其所有影响，使城市科学回归到更广泛的人类科学的复杂领域；但是，正是在这样一个框架下，我认为城市科学有自己的自主性（尽管在本研究过程中，我经常会质疑这种自主性的性质及其作为一门科学的局限性）。我们可以从多个角度来研究城市，但只有当我们把城市作为一个基本给定，作为建筑和建筑学的时候，它才是自治的；只有当我们分析城市建造物（即复杂运作的最终建造结果）的本质时，才会考虑到建筑史、社会学或其他科学无法涵盖此种运作中的所有事实。以这种方式理解城市科学，可以从其综合性上看出，它构成了文化史上的主要篇章之一。[42]

罗西对科学的引用以及对梳理城市条件下相关问题的愿景表明他有兴趣建立一个坚实的城市知识库。罗西运用多种科学知识，将城市环境的要素作为可定义的对象进行研究，罗西对全面了解城市环境展开工作。城市科学成为追求的目标。

然而，对复杂的建筑环境进行详尽和全面的评估是一项艰巨的任务，罗西对这项工作进行了反思，指出他"对定量问题及其与定性问题之间关系的兴趣是这本书产生的原因之一。"[43] 完成一种包括其他研究中未包括的以及难以衡量的各种方面的科学评估被认为是一种不符合科学的调查。然而，罗西追求这样的透彻，努力理解这座城市。

在他的调查中，对城市环境本质的不断反思不断演变，从后实证主义的方法转向更强大的认知和涉及建构主义的理解。虽然他的著作试图努力实现一个客观和全面的城市描述，在其作品上也承认个人在这种描述中的作用。在美国版本的引言中，罗西回顾了 15 年前首次对这篇文章的回应，他说："正如我在开头所说的，这就是城市建筑的意义；就像地毯上的人像，人像很清晰，但每个人的解读方式都不一样。或者更确切地说，它越清晰，就越倾向于复杂。"[44] 对个人自身观点的尊重对罗西来说是至关重要的，因为它是意义构成的一部分，成为解释建筑环境的关键。

罗西在 1981 年写就的《科学自传》（*A Scientific Autobiography*）一书中回顾了这种思维转变。虽然书名引用了所涉及的各种观点的组合，但这篇文章就他感知世界的方式上扩展了进化的本质。他说：

> 1960 年左右，我写了一本畅销书《城市建筑学》。那时，我还不到 30 岁，正如我所说的，我想写一部权威性的作品：在我看来，一切事物一旦澄清，就可以被定义。我相信文艺复兴时期的论著必须成为一种可以翻译成实物的工具。我蔑视记忆，同时，我利用城市印象：在情感的背后，我寻找永恒类型学的固定规律……我阅读有关城市地理、地形和历史的书籍，就像一位将军希望了解每一个可能的战场——高地、通道和树林。我走遍了欧洲的各个城市，了解它们的规划，并根据类型对它们进行分类。就像一个被自我主义支撑的情人一样，我常常忽视我对那些城市的隐秘感情；仅了解城市规划的制度就足够了。[45]

罗西承认，他试图寻求一个科学的解释，这使得他忽略了对建筑环境的个人解释。但最终，他不能忽视自己情感带来的影响。他继续说，他的作品是"混合自传和公民历史"，并扩大了这种理解，提供个人评论，如：

> 我可以问自己"真实"在建筑中意味着什么。比如，它可能是一种维度、功能、风格或技术事实？我当然可以根据这些事实写一篇论文。
>
> 但我却想起了一座灯塔、一段记忆、一个夏天。一个人如何建立这些事物的维度，实际上，它们有什么维度？[46]

> 从这一发言和其他方面来看，罗西显然接受了一种看待世界的方式，其中包括个人历史、背景和经验，这些都是建构主义的一部分。他对科学的全面性和条理性的认识是显而易见的；在许多方面，由于科学所能提供的结构，它似乎仍然是一种被尊重的东西，却无法捕捉到罗西所认为的构建环境的其余重要组成部分。从坚定发展城市的后实证主义的目标到回应个人和集体记忆作用的这一转变，表明了一种明显和有趣的范式转变。

　　花时间解决世界观的一致性是至关重要的，因为在追求理解的过程中，我们努力为自己的任何工作建立无可反驳的强大基础。我们不仅在自己使用的世界观中寻求一致性，同时在此观点与这个思想过程中产生的任何片段的理论及输出之间的关系中寻求一致性。这种一致性表明了一种没有内部冲突的方法，它向我们保证，任何努力的基础都有充分的理由。在建筑学中，这意味着我们的信仰系统的一致性为澄清活动提供了基础，之后它可以用于讨论、辩论或指导设计。一系列探究与书面的或构建的表现形式之间的一致性可以在思想与表达之间建立起一种清晰、富有逻辑的联系。如果思想与行动之间没有形成明确的关系，那么结果可以说是肤浅的或风格化的，只是一种参照美学的偏好方式，而不能体现一致性的实质。

　　"实质重于风格"这种耳熟能详的论调在设计中很常见。"风格"是指在设计讨论中经常被不屑地使用的术语，指向一种装饰应用而非实质性的执行。虽然可以用它来描述建筑物的历史时期或趋势，但如果涉及某一特定的技术或现成的反应，风格"则被理解为消极的观点，表示连接物理实体的某些特性"。"风格"一词被定义为"一种用来完成某事的特定程序、一种形式或方式"，强调在当前开发之前就已经建立的方法。[47] 这引入了不可取的符号，因为任何涉及预定产品的行为都会使我们质疑该过程。利用事先确定的要素，会对这项工作与理论化和生成它的信仰之间的一致性产生不确定性。作为一种现成的产品，它的存在似乎不像是一个系列探究的产物，而更像是一个产品导向而非过程导向的快速替代品。更重要的是，理论化和结果形式之间存在着虚假的对应关系，这意味着最终产出的作品与生成它的活动几乎没有关联。

理解"风格"一词引用了以一种特定方式完成的形式，也暗示了这项预先确定的工作与之一起承载着从既定意义中受益的意图。虽然我们认识到，由于某些原因，有时会寻求特定的符号或正式的语言，但再现这些缘由的能力是有限的，尤其是当环境不断变化时。例如，"风格"可以理解为提供一种受欢迎的效果，例如以法国、地中海或新英格兰殖民地"风格"设计的建筑列举一些可能性。然而，这种对外观的关注并不能用真实的理论性和潜在的范式来支持最终的作品，使得设计手段和目的之间产生矛盾。任意使用一种产品表明思维过程与产品之间缺乏联系。虽然风格化的反应往往是要表达特定的信息，但这种信息的表达很空洞。如此，使用熟悉的形式很容易让设计变得混淆，脱离正轨。这种消除思想与形式之间联系的方式会使作品有缺陷，因为它把所有讨论都简化为对形式的讨论，否定了任何探究的作用。[48]

与试图通过使用熟悉的形式影射意义的设计不同，也有可能将形式作为设计语言的一部分，故意很少或根本不考虑附加的意义。使用公认的元素作为装饰，而不需要任何努力来表达含义。例如，后现代建筑吸收了古代建筑的符号。虽然辩论的焦点是更多地通过建筑环境中的象征性交流重新建立对历史和文化的尊重，但这些信息也可以解释为对这些过去文化的思想的介绍。古代文化的表达没有恢复，但整体的历史关联仍然可以建立。尽管许多后现代主义者似乎接受"风格"这个词，但在那个时期，很容易看出它的表现形式很肤浅。[49]

由于过程和结果能够以各种可能的方式展开，范式、澄清活动以及由此产生的任何结果形式都可以进行研究，确保它们的一致性。虽然认识到有一系列可能的观点可以用来理解世界是至关重要的，但也有必要以一种推进理论的方式来运作，这种理论得到很好的支持，结果也具有明确的联系。通过意识到这两者之间的一致性，可以增强研究，避免风格化的陷阱。

## 认识建筑学的理论体系

如果我们后退一步，回顾那些可以被确定为在理论化中运作的范式，并将它们作为透视图或框架来观察，我们就能看到其中有很多都在建筑学中起作用。它们是连贯的、信息丰富的观察方式。然而，总的来说，它们形成了一个信仰和价值观彼此冲突的结合体。我们不必在它们之间做出选择，我们可以借此机会承认所有这些连贯的实体，即使它们作为一个整体是不兼容的。理查德·罗蒂提出一种观察所有事物是如何"联系在一起"的观点，为这种情况的发生提供了一种途径。[50]与其将这种情况描述为我们被迫在这些理解和限制我们可能的理论构想范式之间做出选择，不如将所有这些观点都视为对主题进行更大程度、更具描述性的解释。允许这些观点"结合在一起"，从而创建一个丰富而复杂的总览的视角。虽然可能存在冲突，但我们从包含所有视角、识别所有可能性中的联系和对比中学到了更多。范式的排序和其中的观点构成了这个整体。

不同的范式可以想象为构成这个网络基础的不同的探究，每个范式都为一个探究系列建立了一个框架，特别是其假设和运作。后实证主义的方法包括一种信仰，即现实世界可以被检验，从而建立一个准确的知识库。这与批判理论家的观点并行不悖，即世界是由价值观塑造的。建构主义的方法提供了另一种主观主义的观点，然而在这种观点中，经验、地点和理解被同化而构成了现实。虽然这些范例彼此不同，运作方式也不同，但仍有可能设想一种安排，使它们相互关联，形成一个网络。视图和信息可以叠加，形成一个系统，连接在一起。

这样的构成方式形成一个可以在某种排列中扩展并捕获更具体的个别探究系列的基础。与动脉系统中的毛细血管一样，可以设想在更大的范式中，不同的观点可以为创造构成网络的探究系列带来许多变化。这种变化可能是一种范式中不同的观点；例如，一种使用政治价值观的批判理论形成了一种观点，它与采用基于性别问题的价值观不同。如果我们把这看作一种抽象的关系网，那么这些探究系列之间的关系可能要比它们与更具建构性的单一探究系列之间的关系更加紧密，但它们之间可能都有一些联系。

这种结构上的差异可以视为不同的框架，从政治或性别等不同的立场确立观点。其他的变化也可以通过这些观点所寻找的不同方式来识别，例如，一个后实证主义观点可能会看物质条件，另一种则考察人类使用的舒适性。这些调查可能相似，但不尽相同，在调查范围内造成较小的变化。在这种情况下，网络变得相当复杂，有许多区别和联系点。

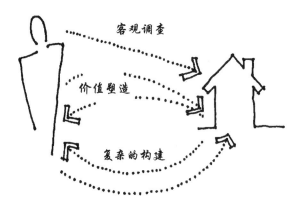

图 2.4　虽然一个人一般只运用一种范式，但可以承认所有其他范式的存在，并从这个更大的理解网络中获益

　　能够构想一种包含多样的可能观点的网络的能力使我们能够从许多理解和运作的方式中获益。虽然理论化活动要求我们以一致的方式开展工作，但我们对如何开展工作的各种其他选择的认知以及这些选择所提供的广泛知识，可以建立一个丰富的、广增见闻的情境。我们可以从最强烈和最有趣的理解中开始建立，从不同的角度看待事物，并为我们的作品编织充分且令人信服的探究过程。我们可以识别各种联系和差异，认知区域和活动是如何关联。总览这些观点为我们提供的可能性，有助于理解已经完成的工作，并从这个基础上更好地聚焦我们的工作，从而支持其可持续发展。

## 注释

1　Yvonna S. Lincoln and Egon Guba, "Competing Paradigms in Qualitative Research," in *Handbook of Qualitative Research*, ed. Norman K. Denzin and Yvonna S. Lincoln (Thousand Oaks, California: Sage Publications, 1994), 107.

2　具体地说，我指的是在理查德·罗蒂（Richard Rorty）所著的《实用主义的后果（论文集：1972—1980）》[*Consequences of Pragmatism（Essays：1972–1980）*，Minneapolis：University of Minnesota，1982，xiii–xlvii] 导论中的论点。

3　Sarah Whiting, "Whiting and Gang in Conversation," in *Building/Inside Studio Gang Architects*, eds. Jeanne Gang and Zoë Ryan (Chicago: Studio Gang Architects, 2012), 160.

4　Whiting, "Whiting and Gang in Conversation," 158–9.

5　Whiting, "Whiting and Gang in Conversation," 159.

6　Whiting, "Whiting and Gang in Conversation," 168.

7　Whiting, "Whiting and Gang in Conversation," 169.

8　Lincoln and Guba, "Competing Paradigms," 108–16.

9　林肯（Lincoln）和古巴（Guba）在《定性研究手册》（*Handbook of Qualitative Research*）第一版中"定性研究中的竞争范式"（Competing Paradigms in Qualitative Research）这一章节概述了这四种范式。在本书之后的版本中，建构主义范式也被认为提供了一种集体视角，然而这些原始范式建立的基础和基于它们大量的后续工作为讨论这四个范式而不是后来的修订提供了理由。

10　卡尔·雷蒙德·波普尔（Karl Raimund Popper）于 1965 年 4 月 21 日在华盛顿大学举行的亚瑟·霍利·康普顿（Arthur Holly Compton）纪念演讲中做了"云与钟：关于理性与自由问题的解决途径"（Of Clouds and Clocks：An Approach to the Problem of Rationality and the Freedom of Man）的报告，其中讨论了这一范式的完美性（St. Louis：Washington University，1966）。

11　Popper, "Of Clouds and Clocks."

12　Popper, "Of Clouds and Clocks."

13　Paisley Livingston, *Literary Knowledge: Humanistic Inquiry and the Philosophy of Science* (Ithaca, New York: Cornell University Press, 1988), 18.

14　这些想法是基于威廉·威多森（William Widdowson）的教诲，其于 1991—1993 年在俄亥俄州辛辛那提大学建筑学理学硕士项目中开设的研讨会极大地影响了本书。

15　理查德·罗蒂在《实用主义的后果（论文集：1972-1980）》第十四章中指出，威尔弗里德·塞拉斯（Wilfrid Sellars）将哲学讨论为"试图从尽可能广泛的术语层面上看事物是如何结合在一起的"。

16　在《创造建筑理论》（*Creating Architectural Theory*，New York：Van Nostrand Reinhold，1987）一书中，琼·朗（Jon Lang）讨论了普鲁特·伊戈（Pruitt Igoe）的失败，这是一个圣路易斯公共住房项目，由野口聪（Isomu Noguchi）设计，建于 1960 年，在 1972 年被部分拆除。尽管该项目失败的原因很复杂，但琼·朗认为这一失败是对现代主义对人类行为缺乏理解的公投。

17　虽然这一范式帮助设计学院提供环境科学学位，但比尔·希利尔（Bill Hillier）、约翰·马斯格罗夫（John Musgrove）和帕特·奥沙利文（Pat O'Sullivan）在 1972 年的 EDRA 会议（EDRA3/1972，29-3-1 至 29-3-14）上发表了一篇题为"知识与设计"（Knowledge and Design）的论文，提出更多的信息不能确保更好的设计，分析—综合过程可能并不是设计实现的方式。

18　Glenn Murcutt, "Glenn Murcutt Lecture," Union Ballroom, University of Arkansas, Fayetteville, AR, April 3, 2009.

19　Maryam Gusheh, Tom Heneghan, Catherine Lassen and Shoko Seyama, *The Architecture of Glenn Murcutt* (Tokyo, Japan: Nobuyuki Endo, 2008), 14–15.

20　Phil Harris and Adrian Welke, "Glenn Murcutt's a Top Bloke (But a Crazy Driver)," *Architecture Australia*, May/June 2002, 83.

21　Haig Beck and Jackie Cooper, *Glenn Murcutt: A Singular Architectural Practice* (Victoria, Australia: The Images Publishing Group, 2002), 14.

22　Beck and Cooper, *Glenn Murcutt*, 15.

23　Beck and Cooper, *Glenn Murcutt*, 17.

24　Norman K. Denzin and Yvonna S. Lincoln, eds, *Handbook of Qualitative Research* (Thousand Oaks, California: SAGE Publications, 1994), 107.

25　Dolores Hayden, *Redesigning the American Dream: Gender, Housing and Family Life*, rev. and expanded (New York: W.W. Norton & Company, 2002), 30.

26　Hayden, *Redesigning the American Dream*, 10.

27　Hayden, *Redesigning the American Dream*, 28–9.

28　Rem Koolhaas, *Delirious New York: A Retroactive Manifesto for Manhattan* (New York: Oxford University Press, 1978), 6.

29  Koolhaas, *Delirious New York*, 6.

30  Koolhaas, *Delirious New York*, 7.

31  Ana Miljacki, Amanda Reeser Lawrence and Ashley Schafer, "2 Architects 10 Questions on Program Rem Koolhaas + Bernard Tschumi," *Praxis* 8, ed. Amanda Reeser Lawrence and Ashley Schafer (Columbus, Ohio: Praxis, Inc., 2006), 10.

32  Miljacki, "2 Architects," 11.

33  Ellen Dunham-Jones, "The Irrational Exuberance of Rem Koolhaas," *Places Journal*, April 2013. https://placesjournal.org/article/the-irrational-exuberance-of-rem-koolhaas/.

34  K. Michael Hays, "Critical Architecture: Between Culture and Form," *Perspecta* 21, 1984, 14–29.

35  George Baird notes in "'Criticality' and Its Discontents" in *Harvard Design Magazine* 21 (F/W 2004). http://www.harvarddesignmagazine.org/issues/21/criticality-and-its-discontents, Beth Kapusta's documentation of Koolhaas' public statement about criticality in *The Canadian Architect Magazine* 39, August 1994, 10.

36  Robert Somol and Sarah Whiting, "Notes Around the Doppler Effect and Other Moods of Modernism," *Perspecta* 33, 2002.

37  Michael Speaks, "Design Intelligence and the New Economy," *Architectural Record*, January 2002.

38  Koolhaas, *Delirious New York*, 6, and Rem Koolhaas, "Bigness, or the Problem of the Large," OMA, Rem Koolhaas and Bruce Mau, *S, M, L, XL* (New York: Monacelli Press, 1995), 494–516.

39  Andrew MacKenzie, "Batik, Beinnale and the Death of the Skyscraper. Interview with Rem Koolhaas," *The Architectural Review*, 24 February 2014. http://www.architectural-review.com/rethink/batik-biennale-and-the-death-of-the-skyscraper-interview-with-rem-koolhaas/8659068.fullarticle.

40  MacKenzie, "Batik, Beinnale and the Death of the Skyscraper."

41  Lincoln and Guba, "Competing Paradigms in Qualitative Research," 107.

42  Aldo Rossi, *The Architecture of the City* (Cambridge, Massachusetts: The MIT Press, 1982), 22.

43  Rossi, *The Architecture of the City*, 21.

44  Rossi, *The Architecture of the City*, 19

45  Aldo Rossi, *A Scientific Autobiography* (Cambridge, Massachusetts: The MIT Press, 1981), 15–16.

46  Rossi, *A Scientific Autobiography*, 19 and 24, respectively.

47  "Style." Oxford Dictionaries. Oxford University Press. http://www.oxforddictionaries.com/us/definition/american_english/style.

48  彼得·柯林斯（Peter Collins）在《现代建筑中变化的理想：1750-1950》（*Changing Ideals of Modern Architecture：1750–1950*，2nd edn，Montreal：McGill–Queen's University Press，1998）第二版第40-41页中，在对历史发明的观察中提到了这一点。他指出设计师现在有回顾过去的潜在能力，并可为他们的作品选择不同的时代特征；然而，这带来了一个两难的选择，因为这种选择具有伦理问题。

49  具体而言，我指的是罗伯特·斯特恩（Robert A. M. Stern）发表在凯特·奈斯比特（Kate Nesbitt）所著的《建筑新议程的理论化：建筑理论选集 1965–1995》（*Theorizing a New Agenda for Architecture：An Anthology of Architectural Theory 1965–1995*，New York：Princeton Architectural Press，1995）一书中第100–108页的"现代建筑的新方向：临近千禧年的后记"（New Directions in Modern Architecture：Postscript at the Edge of the Millennium）一文。该文自由地使用了"风格"一词，并对后现代主义有所贡献。

50  Richard Rorty, *Consequences of Pragmatism (Essays: 1972–1980)* (Minneapolis: University of Minnesota Press, 1982), xvi.

# 第 3 章　理论在学科中的地位

## 引言

通过研究理论的构成探索理论是理论理解的开始，而研究理论的要素、特征和基本范式则是理论理解的实施。然而，通过研究理论在构成建筑学的众多学科中的地位，我们也可以学到很多关于理论的知识。通过观察理论与该领域不同学科之间的联系，我们可以看到它所扮演的角色，并掌握它与这些其他学科之间关系的本质，从而对每个学科所涉及的领域以及它们是如何相互作用的提供有洞察性的观点。虽然这种方法中有许多有益的理解，但最基本的理解之一是，理论的学科可以用两种方式进行广义描述：因为它能够在对某科目的解释中被识别而成为该科目的一部分，或它本身就被视为一个科目。在这两种情况下实现它的能力不仅区分了理论，还让我们能够明晰它在设计中的独特地位。

如果在其他学科中对理论进行识别，我们就会意识到它可能成为从结构到美学的一切事物的一部分，因为每个学科的内容通常都通过一个有组织的解释互相沟通。换句话说，这些材料经常被共享或以一种有序的方式呈现，传递着特定观点。我们可以把它看成是理论性的方法，因为这种解释不仅提供了一系列的材料，还阐明了主题。诸如"颜色理论"之类的参考文献或"结构理论"之类的文本超越了模糊的指示，以一种深思熟虑的方式传达信息，在理论和具体材料之间建立了明确的联系。[1] 这些关于不同主题的讨论通常以一种具有某种逻辑或可控性的方式展开，并且常常被看作采取了特殊的观点。学科不仅是一组松散的数据，而且通常是用连贯和审慎的方法进行描述的。这些数据组合旨在引入或采用一个框架来理解，从中我们能看到它与利文斯顿的"调查路线"之间的联系。从这个意义上说，理论学科可以认为在该领域的其他科目中起着重要的作用。

此外，理论学科可以在学科内的特定实例中再次得到确认，因为这些实例包含，甚至在很大程度上可以看作由关于内容和方法的细微而关键的解释定理构成的。也就是说，在整个学科中普遍使用的规则和公式是不断被引用、测试和修改的定理。这也体现在对结构的调查中，这些结构通过材料强度的基本原理和系统或环境控制的规则得以体现，而这些规则又传递了关于调节建筑舒适性的最新发展的信息。这些定理被分组和分类，作为能够可借助，且是当前可用的最佳澄清活动的解释说明，但是人们总是相信这些定理仍需改进。尽管这些较小的理论化活动可以与提供学科概述的理论化区分开，但由于采用的是类似的研究思路，因此它们都起到了澄清的作用。如果能发现在科目内部的理论化，就能认识到理论科目可发挥的独特作用。理论在其他学科中的存在经常被忽视，但如果我们善于发现它的广泛性和影响力，就能更好地掌握它。

虽然理论化和定理在其他学科中也有发现，但我们对建筑理论最普遍的理解是将其作为一个被接受的独立的运作主体。如果把它作为科目本身，通常的理论概念会引用解释性的观点，试图以一种全面的方式阐明设计，而不是只关注有限的范围。理论甚至可以被准确地描述为试图提供架构的一种最优整体澄清活动，或者至少是提供了些许有意义或有注意价值的澄清。通过将建筑学中的理论理解为对该学科总体观点的澄清，我们建立了一种广泛而包容的方法。这种观点介绍了与许多具有相似广度的学科之间的关系。历史、设计和批评在这门学科中使用相似的方法，有着相似的作用，它们以更广阔的视角解释、推理和思考设计行业。虽然这些科目的具体任务各有不同，但它们之间有着密切的关系。对这些问题的探索不仅对学科本身，而且对该领域在内的整个学科网络都有启示。

具体来说，理论和其他学科，如历史、设计和批评之间的区别和相似之处使我们能够理解重要的联系和交互作用，把握它们扮演的角色以及它们为何和如何相互作用。在这一点上，类似的讨论支持的看法似乎是，建筑学是由一系列相互

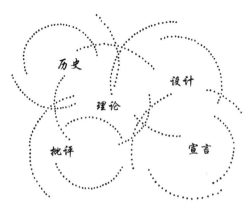

图 3.1　理论、历史、设计、批评和宣言具有许多相似之处，它们相互联系，
而不是一系列单独且截然不同的学科

明确区分的独立学科组成的。

　　然而，这些领域不应看作孤立的，因为这些领域的内容总是以各种各样的组合重叠在一起。虽然人们通常认为理论是澄清活动，历史是过去事件的记录，设计是提出改变的活动，批评是对这一工作的评论，但也可以理解成，历史是评论，理论可以在设计中得到检验，而设计的过程包含批评。有了这种理解，再加上了解到理论可以在不同的学科中被识别的事实，这些关系的复杂性就会变得清晰明了。人们总是倾向于将这些学科视为具有一定自治权的科目，但把它们当作独立的、彼此之间存在严格界限的实体的想法是错误的。逐一检查这些领域不仅可以理解它们的目的和角色之间的关系，而且还可以揭示它们的联系和交集。它们的参数可能是模糊的，但认知上的差异提供了一种更好地理解它们的方法。这种类型的评估建立了关于如何在学科中认识和运行理论学科的新见解。

## 批评、宣言、定理和历史：罗伯特·文丘里的复杂而矛盾的架构

　　著作通常结合了各种内容和信息。有些一开始是一种活动，但后来转而变成另一种活动的组成部分。虽然不同活动之间没有明确的界限，但一份文

件中包含各种各样的活动也并不少见。建筑师罗伯特·文丘里在他的《建筑的复杂性与矛盾性》一书中融合了批评、宣言、定理和历史，并以一种强有力的视角将它们联系起来。文丘里确认了作为这项工作的每一部分的努力，承认了它们不同的目标。

在出版之初，文丘里借助 T. S. 艾略特（T. S. Eliot）的理解，即创作既是批评的工作，也是创造性的工作，将实践与批评联系起来。[2] 他对这本出版物的描述是：

这既是对建筑批评的尝试，也是给我作品的一种辩解——一种间接的解释。作为一名执业建筑师，我对建筑的看法不可避免地伴随着工作产生的批评性的衍生品……因此，我在写这本书的时候，身份是一个采用了批评手法的建筑师，而不是一个选择建筑作为批评对象的评论家，这本书呈现了一套特殊的重点，一种我认为有效的看待建筑的方式。[3]

对作品特性的描述勾勒出了他所要分享的视角，暗示这只不过是一个对周围环境持批评态度的从业者。他的批评对象是现代主义在单个建筑和更大的环境层面上限制了建造环境的方式。他感兴趣的点是通过讨论更丰富、更有意义的建筑可以提供什么，解决他所认为的建筑环境目前采用的主导方法的缺点。

虽然把这部作品作为一种批评，但他很快就开始对自己的工作方式和喜欢的事物进行了解释。他为自己的喜好辩护，评论道："作为一个艺术家，我坦率地写下了我在建筑中的喜好：复杂性和矛盾性。从发现自己喜欢什么——我们更容易被什么吸引，我们可以了解到更多真正的自我。"[4]

在此基础上，文丘里介绍了他自己对建筑的看法。显然，这是他个人讨论的公开表达，或者说是一份宣言。为此他将第一章命名为"非直截了当的建筑：一个温和的宣言。"[5] 他的兴趣是个体化的，构成了他理解建筑的方式。他说：

我喜欢建筑中的复杂性和矛盾性。不喜欢毫无关联、随意不经过思考的建筑。同样也不喜欢昂贵得过于精巧复杂的如画学派和表现主义的建筑。相反，我说的是一个基于丰富而暧昧的现代经验，源于除了建筑之外的那些所有现代艺术的经验的复杂和矛盾的建筑……

我追求意义的丰富，而不是意义的清晰：对于隐性功能或是显性功能均是如此。比起"非此即彼"，我更喜欢"两者兼具"，黑色，白色，有时候是过渡于黑与白之间的灰色……

但是一个复杂和矛盾的建筑对整体性有一个特殊的义务：它的真相必须包含在它的整体或它对整体的暗示中。它必须体现包容性的艰难统一，而不是排斥性的轻松统一。复杂不等于不好。[6]

在这些陈述中，最有趣的是他对为什么复杂和矛盾的建筑会吸引他的解释。将此命名为"宣言"也传达了他对这一观点所附个人议程的承认。作为宣言，这是他所相信和追求的观点，而且以这种形式进行分享时，他不仅对自己的作品进行了解释，还能够介绍一种其他人也能够理解、欣赏和采用的观察方式。

直到 1977 年第二版出版，即第一版出版 11 年之后，文丘里才直接讨论了将这部著作作为定理和史学资料的观点。文丘里解释说：

我写这本书是在 20 世纪 60 年代早期，是我作为一个执业建筑师对当时建筑理论和教条的方方面面做出回应。现在问题不同了，我觉得这本书今天可能值得一读的部分是它关于建筑形式的一般理论，但它也可以作为那个时代的一个特定文件，更具历史性而非主题性。[7]

《建筑的复杂性和矛盾性》的内容被认为含有一种特殊的观察方法，这种方法包含了一个定理特征——这些共同的思想是普遍的和抽象的，因为它们适用于所有时期和文化领域。该视角提供了一种理解建筑环境的新方法，确定了包括文丘里所称的"两者兼具"和"双重功能元素"的模式。[8]这些和被讨论的其他观察方法促进了    种解读建筑的方式，带来了一种新的澄清形式，这种形式在很大程度上不属于现代主义领域，且其构成极富表现力。同时，这样的记述也提供了一个历史读物。这些例子跨越了几个世纪，建立了对作品的新的欣赏方式，让我们得以重新审视这一背景。

有趣的是，文丘里喜欢寻求复杂和矛盾这一特征，不仅体现在他对建筑的看法中，也体现在他对建筑的讨论中。《建筑的复杂性和矛盾性》可以被当作批评、宣言、定理和历史，它提供了一份能够同时服务于多种目的的著作。著作可以通过多种方式来进行理解和解释，从而也建立了一个丰富的视角，让人们了解批评、个人议程、澄清和对过去的评估如何汇聚在一个作品中。它能够被读者以不同的方式构建，通过对一种特定方法的关注帮助他们进行理解。

虽然理论与历史、设计与批评之间的关系似乎显而易见，但宣言和其他文体也与这一科目有关。关于这些关系的讨论拓展了另一个有助于我们进一步理解理论的维度。特别是当宣言包括了明确的个人议题时，它可以集中或强调某些准确的观点，从而便于我们提出论点。类似于宣言一样有趣的还有经常作为理论提供或归类为理论的各种文献，但是这些著作未能证明理论化本身，也不能提出定理。有趣的是，这些作品与那些提供了某行业日常使用的经过检验的定理，如钢材手册和环境系统文本之类的作品形成对比。所有这些检验一同协作，能使人们体会到什么才是更准确的对理论学科的理解。现在我们以历史学科为起点，看看可能形成的观点。

# 理论和历史

## 理论与历史的关系

历史的作用通常被认为是记录和交流过去的信息，这使设计师能够了解有关空间和形式的实际知识，以及用于指导这一发展的思想。信息数据和它的构架之间的作用范围是历史的一个关键方面。初学者可能会认为该科目提供的是中立的数据表达方式，但其实通常以为什么发生及怎样发生的逻辑进行编译的。这就必然涉及解释本身，因为这些原因是历史学家的选择，随后才成为一种解释，与理论学科紧密相连。换言之，历史学家有可能在翻译信息时就已经进行了彻底的调查和分析性评估，以支持他们研究观点。然而，即使不讨论历史学家的价值观所起的作用，只是简单地使用特定的语言描述事实，也有可能改变人们对过去的看法。了解到历史的这一面后，历史和理论之间联系的作用才会显露出来。

### 定义历史

　　如果我们试图为了探讨"历史"一词与理论的关系而限制对它的描述，我们会发现，由于其内容本身的性质，即使是最基本的定义也会引起相当多的反思。对历史的典型理解将其解释为"一种书面叙述，构成对重要或公共事件（特别是在某一特定地点）或特定趋势、制度或个人生活的连续时间顺序记录。"[9] 这一定义表明，历史包括"记录"与"叙事"等观念，它们共同构成了这一学科。虽然将历史作为记录的概念表明了某种特征，另一种将历史作为叙事或故事的说法似乎又暗示了一种不同的理解。根据重点的不同，这一科目显然包含了广泛的解释可能。通过对可提供直接证据记录的历史概念的调查，我们可以建立起对这门学科的广度和组成成分的知识了解。

　　如果将历史视为一组事实数据，我们就能够思考整个学科是否可以由一组单独的信息组成。很明显，某些材料对这门学科是至关重要的，因为历史的目的是确定人、物、地点、日期和统计数字，而且这些信息显而易见地总是以某种方式联系在一起，以方便我们更好地理解它。如果我们试图构建一种消除这些联系的方法，那么，留给我们的历史只不过是一个没有推理或任何背景材料的数据列表。以这种形式来构建科目，似乎最有可能获得一套直接和公正的事实内容；然而，在形成任何历史列表或记录时，我们还需要先认识到哪些数据需要或不需要包括在内，这样一来，那些看似最直接明了的信息，因为包含或排除了某些特定的材料，就会被进行有意识或无意识地塑造。任何一组数据都可以看作一种叙述。

　　如果把探索历史的焦点从数据转移到叙事上，我们就可以开始确定这些联系和描述在塑造这一学科方面是如何发挥重要作用的。为了理解历史的演变，我们可以先考察历史作为一门学科是如何演变的。事件能够以时间为序进行记录的观点，是文明史上一个出现得较晚的发展节点。建筑历史学家彼得·柯林斯（Peter Collins）在《现代建筑设计思想的演变，1750—1950 年》一书中指出，希腊学者感兴趣的是什么是"永恒不变的"，而不是历史不断变化的本质，罗马人研究过去仅仅是为了政治目的，而中世纪的学者"完全按照神圣的计划"来看待历史。[10] 在这些社会时期中，历史并不如它的本质那样，被视为一个发生过的事件集合，其目的主要是为了提供经验教训。在 18 世纪早期，历史作为一种编年史体裁，甚至一度等同于诗歌，直到几十年后才作为独立的知识体系被教授。尽管人们对之前发生的事情有自己的理解，但对发生的事情进行全面的描述并不是一种批判的观点。

　　在所有古代的观点中，中世纪的观点奠定了我们当前历史观念的基础，即使当时的人没有能力把握年代学的意义。柯林斯指出，这个封建时代能够"在史学中引入两个概念，这两个概念将影响我们所关注时期的历史思想：一个是历史时期的概念，另一个是过去和未来形成某种可理解的事件序列模式的概念。"[11] 这两个概念极大地改变了人们对历史的印象。一旦确定时间都是由周期组成的，过去就被视为一个个体，可划分为围绕着某个观点的经验和教训。

　　这些时代可以被看作联系在一起的，它们将单个的片段连接成一个更大的时期，或者一个叙事。由于历史通常被理解为对分散但又相连的时代的叙事，18 世纪发展起来的中世纪模式是对留存下来的历史的感知。这种对过去的看法表明，建筑环境的塑造可以通过时间顺序来传达。这项工作是有意识地组织起来的，并对时代和它们的演变做出诠释。我们可以通过识别不同的数据和对它们进行回应来形成不同的时代，根据识别出来的数据创造出一系列可以用于解释过去的叙述。然而，与这一观点形成对照的是，理解建筑史还有另一种可能性：建筑是可以通过不经考虑的行为发生的。设计活动可以在没有组织或理解的情况下发生——当建造建筑物时，它们不一定被视为发生在特定时代内，或者被当作定义一个时代的更大议题的一部分。建筑历史学家约翰·汉考克（John Hancock）将其描述为一种传统，通过认识到这些方法中的"单一性和多元性"与这些观点中的"封闭和开放范围"之间的差异，将其与历史区分开来。[12] 换言之，传统延续着一种特定或独特的工作方式，而历史可以选择已知的整个范围。传统是一种被毫无疑问地接受的活动，作为设想中的唯一可能性而运作；而历史上有许多例子是通过反思和认真的组织进行描述和区分的。传统以一种叙述方式记录过去，而历史则提供了多种叙述方式。

如果我们仍然没有意识到在不同的地点或随着时间的推移应当采取不同的设计方法的话，那我们的工作可能会被传统所禁锢，并且在缺少怀疑和深思熟虑的情况下进行。它可能会在几十年的时间里慢慢发生演变，但我们对过去的单一理解将导致一个毫无疑问的，在很大程度上由单一叙事主导的未来。这样的传统建筑通常被描述为一种民间风格，在不考虑其他可能性的情况下继续固化着习俗。这些传统在今天仍然存在，从施工方法到设计响应的每一件事情中都有它们的身影。虽然可以说传统也是可以传授的，但这种说法忽略了这样一个观点，即这些传统采用的是通过文化适应和第一手经验获得的隐性理解——这只是一种工作方式，不涉及任何有意识的选择。按照这种观点，教授传统就成了一种矛盾修饰法。虽然传统提供了丰富的潜力，但它的局限性也是显而易见的。汉考克指出了传统的稳定性，但也指出了它的缺点，他说：

> 纯粹的传统是一种文化形式，世代相传。它们不能是历史，不能跨越时间或地理距离，也没有多样性。它的知识只存在于最近的过去、相邻的一代，或者（在建筑方面）日积月累的城镇景观中。[13]

作为一个单一的、封闭的系统，传统没有机会看到特定视野之外的事物。它所做的改变是逐渐发生的，以慢慢地适应得到公认的某种实践。任何与各种可能性相比较的选择都不值得考虑。这种叙述不仅是固定的、无可争议的，甚至是无创新发现的，因为那些按照传统行事的人都沉浸在这种叙述中而无法理解另外的体系。

引入以可区分的时代来理解整个作品的思想，可以创造一个有纪念意义的转变。历史有能力捕捉和标记一段时间，以支持对可划分为不同组成部分的事件的更大、更全面的看法。它将内容归纳为具有代表性的主题，试图记录每个时代的精髓，并呈现贯穿历史的各种作品的广阔视角。虽然这种类型的观点可以有效地获得更具包容性和比较性的理解，但这从根本上改变了我们对过去的看法，因为它不仅将学科从一种叙述修改为多种叙述，而且还带来了将所有这些叙述结合在一起的元叙述的可能性。也就是说，从一个特定的角度看作品的话，则每一个时代都可以被总结。如此，我们将有可能界定和区分不同的时代。反过来，也能够将这些时代编织在一起，成为对整个建筑环境的一个包罗万象的理解。这样的历史观从某种角度来解释和界定事件，构建了一种关于过去的叙事。

可以说，即使采用传统的方法，各种叙述也一直在学科内部运作。古代文明的建筑形式包括并非总是遵循民间风格的表达方式，正如在厄瑞克修姆庙（Erechtheum）中出现的女像柱一样。[14] 将历史视为思想或教训的宝库而不是一系列的时代的想法仍然是可行的，并且允许不同的观点存在，而不必将其视为按时间顺序排列的事件集合。例如，某些文化传统中关于细木工技术的知识是可以被识别的，并能以特定的方式感知材料间的联系。然而，传统与历史在设计上的不同之处在于，传统并不承认叙事的存在，因为一个人全神贯注于传统的时候是无法感知叙事的局限性的，也无法意识到其他可能性。而因为没有机会看到可替代方案，他就没有能力对整个系列的观点或过去的元视图有更大的理解。基于历史时代及其序列的看法理解建筑，使我们能够看到这个框架，并具有从一个视角跳转到另一个视角的灵活性。

一旦我们跳出传统观点的局限，许多叙事以及元叙事的可能性就会随之而来。历史的广度包含了多种视角，这使得各种版本的环境不仅可以描述现有的情况，还可以为想象的其他情况建立框架。柯林斯强调了这种认识转变的重要性，他指出："一旦历史被划分为不同时期，这些时期就会导致建筑风格的划分。如果将历史看作启示录，它就会诱使建筑历史学家成为理论家，并试图决定未来和过去。"[15] 对于柯林斯来说，历史学家不再只是简单地关注过去的文献，而是能够猜测建筑环境的解读可能，并通过其特殊的创造力感知建筑和世界。

### 理论与历史之间的联系

历史学家之所以能够成为理论家，是因为他们有能力按时间顺序对建成的世界进行描述，并提供新的解释，特别是对未来进行假设的解释，这一说法揭示了历史与理论之间的联系。但这项工作的预见性并不一定能将两者联系起来。这种联系的关键在于，两个科目都采用一种观察方式，收集有关建筑环境的信息，提出不同的解释。通过这一点，历史学家和理论家都有能力提出相应的解释。把所发生的事情看作是一个可能的解读领域，而不局限于一个单一的理解，这就为各种各样的描述提供了机会，这些描述也同样有助于理解以前和现在的情况。这种灵活性包括使用不同的世界观，认识到不同的信仰体系会带来对建筑环境、事件、机构和个人的不同解读。

然而，历史和理论的比较表明，这些科目也有一些关键的区别。如果我们回归到每个学科的基本定义，就会认识到历史和理论都在对建筑的探索和解释中使用了视角这个概念，但使用这些视角的目的和结果是不同的。在历史领域，视角是一种叙事，因为它们将特定信息联系起来，形成对过去的理性描述和逻辑版本；在理论中，视角只是作为探究的线索，因为它们是处理或思考问题或情况所用的特定方式。简单地说，历史的叙述将数据编织在一起，并描述过去，以提供一个具体和结论性的解释，而理论的探究路线追求一个特定的观点以用于澄清。历史包括观察所发生的事情并提供对过去的描述，而理论则致力于推进一种澄清的方式，时刻准备着提出一种解释并检验其准确性。两者都是一种观察的方式，然而这些方式在目的和用途上有所不同。

如果可以从这样一个角度来理解历史，那么理论科目是否包含了整个历史科目的问题就需要进一步商讨。在我们的理论解释中，澄清活动很关键，因为它提供了一种促进新的理解的途径。根据这个定义，任何对历史的描述，只要提供了对过去的观点，就可以被视为建筑理论的一部分。如果叙述是这样一条调查线，那它实际上有两个目的，因为它提出的澄清活动也是对一个历史情况的描述。许多历史著作都满足了这一条件，这可以被理解为解决建筑环境的过去的定理。然而，并非所有的历史叙述都是定理，而有些叙述可能比其他叙述更能明确地阐明其意图。历史和理论结合的可能性，体现在一系列能够定位于这两个学科之间的作品中。

对这一范围的考察可以从那些看起来更多是关于历史而不是理论的作品开始。并非所有按时间顺序排列的记录都会提出新的澄清，这一点不足为奇。有很多历史纪录只是简单地传递信息而不引用新的观点，它们的目的只是传递关于过去的信息。此外，我们也看到许多关于历史信息的报告试图提供大量的数据，同时只有少量的解释。这些描述集中于传递事实信息，而不是传递可能的原因或解读。这样的历史记录可以在诸如班尼斯特·弗莱彻爵士（Sir Banister Fletcher）的《建筑史》或戴维·沃特金（David Watkin）的《西方建筑史》中找到。[16] 虽然弗莱彻的书中包含了地理、地质、气候、宗教和社会等方面的信息，但这部作品的核心是过去可能受重视的结构。施工日期、施工人员、材料和详细说明，包括平面图、立面图、剖面图和详图，均记录在书中。沃特金的作品也描述了影响建筑活动历史的各种因素，但重点还是在于对作品的深刻解释。鉴于这两本书是由明确的观点组成的，我们可以看到，它们专注于将数据传递到建筑环境中，专注于信息而不是仅仅提供一个叙述，而且并没有积极或明确地参与推进任何一条调查线路。

然而，重要的一点是，我们要记住，即使看似单纯的分享事实材料，我们也可以就其分享的视角提出质疑。虽然描述可能会尽量保持中立性，并努力呈现不受影响的数据，但文档涉及的不仅仅是事实，因为从组织到内容选择这一切都是作者隐含的观点的呈现。材料可能看起来很简单，日期标志的事件、建筑物测量和描述、人们和机构的行为记录，但是材料分类的方式，甚至关于选择哪些组织逻辑的决定，都传达了对过去的特殊看法。从"历史"一词的定义中可以看出，叙述总是对任何过去进行传达的一部分。如果描述提供了一个新的澄清活动，推进了对材料的解读，那么理论化就可能被识别。即使是与建筑环境的任何现有解释稍有不同的焦点，也有可能不仅成为叙事，还成为调查路径。认识到历史叙述也可以被理解为理论的可能应该作为一个长久的考量因素。

许多历史作品接受了它们作为叙事角色的身份，但也可以理解为提供了有力的定理。这些作品由作为共享的历史作品的内容组成，因为它们往往侧重于交流有关过去的特定信息。由于信息是新的或以独特的方式组装起来的，所以它也可以看作一个定理。例如，凯瑟琳·温特沃斯·里恩（Katherine Wentworth Rinne）的《罗马之水：水渠、喷泉和巴洛克城市的诞生》提供了许多关于罗马历史的新见解，其中包含了洪水后遗留在建筑物上的水印可提供海拔信息的假设，这就提出了一个关于古代水文工程是如何进行的定理。[17] 通过观察，人们可以通过几何学和初步测量推测出对高度的基本理解，这就为喷泉系统的成功设计提供了理论解释。这种对描述这一理论本质的承认提供了一种认识历史和理论联系的方式，而不是试图在它们之间划出一条看不见的界线。

## 历史理论：凯瑟琳·温特沃斯·里恩对历史活动的考察

历史通常被理解为通过对古代文献和记述进行广泛研究而形成的描述性文本，包括对传统习俗和方法的考察以及对当时背景的深入调查。虽然获得信息的方法多种多样，历史学家也对材料提出了特定的观点。构建信息框架是一项努力，不仅要有对数据的扎实掌握，而且要有理解过去情况的本质，将过去的事件进行理论化的能力。凯瑟琳·温特沃斯·里恩在《罗马之水：水渠、喷泉和巴洛克城市的诞生》中展示了这种观点，提出了一种古罗马人用来测定整个城市水位的方法。这项建议可以视为一个定理，也可视为一个历史记录，因为她所介绍的观点为当下的情况带来了新的澄清解释。

里恩对罗马水历史的了解基于多年来对这座城市的研究，以及在民间调查、早期文献和古地图阅读和探索罗马、寻找可作为证据的城市文物所花费的大量时间上。她的工作是收集、整理和汇编这些发现，构建一个全面而复杂的对过去的描述。有时所有的证据似乎都可以用来支持某些论点，但也不能排除有其他解释的可能性。鉴于此，里恩进一步推进材料，点明了潜在的联系，但没有声称推进的内容是绝对肯定的。这反映在她对根据洪水记录确定全市水位的可能性的讨论中。里恩说：

> 有几个标记记录了罗马最近时期最著名的洪水——1495 年洪水有 9 个标记，1530 年洪水有 9 个标记（罗马有史以来最大的洪水），1557 年洪水有 3 个标记，几乎所有标记都位于 Vergine 区内。包括三个被刻在圣玛丽亚索普拉密涅瓦（Santa Maria sopra Minerva）教堂的正面铭文（一个代表一次洪水），……和波波罗广场的一处 1530 年的碑文。使用简单的几何学和标准的测量仪器，衡量水位之间的落差应该不难，测量特

雷维喷泉主水渠与附近标记处的水位，有些水渍甚至仍然可以在特雷维（Trevi）广场看到。衡量其他点之间的落差，例如，科尔索大道（Via del Corso）和 Via Otto Cantone 交叉路口的 1530 年洪水的标志，波波洛（Popolo）广场和圣塞巴斯蒂亚内洛（San Sebaatianello）的卡斯特罗（Castello）的水位测量会稍微困难一点，但也不难办到。事实上，卡斯特罗的水位超过了 1530 年的洪水线大约 75 厘米，这一落差可以根据可能还存在水渍和铭文的喷泉特定选址，很容易地推断出来……

这种直观方法的优点在于，它允许将洪水线理解为一个常数。在这条校准线的衬托下，可以看到水位平面图和喷泉所在的平面图。[18]

通过对水位高度记录的讨论，我们不仅得到为进行这一描述而收集的大量文件，而且还能意识到对历史事件进行理论化的可能方式。对城市中不同位置洪水标志的参考，对使用中的古代工具的能力的了解，以及关于喷泉位置的文件，所有这些结合在一起，构成了确定整个城市水位的逻辑体系。虽然里恩将各种各样的数据编织在一起，形成了有关古罗马水文方法的令人信服的观点，但她并没有声称这种解释是唯一的可能。

在这一点上，里恩以理论家的身份将所有信息联系起来，进行深刻的叙述并提出观点，从而解释这项工作可能是如何完成的。她对相关情况进行了理解，澄清了历史情况，并提出了一个有支持证据的逻辑视角。她关于古罗马时期水位确定的理论为现实情况提供了新的解释，通过收集可靠的信息和应用反思，提出了一种理解的方法，也提供了一种理性的理解。

这篇文章也为历史和理论之间的联系，以及历史学家所能扮演的积极角色提供了一个更好的诠释。过去的许多信息不能只是简单地确认，而是需要通过大量的研究和反思进行构建。和里恩一样，当沉浸在古材料中的历史学家达到能够进行解释的水平时，他们就会从事研究，提出定理，否则，过去就会继续保持神秘。这种澄清活动是一种理论化的行为，因为它提供了一种新的、有洞察力的看待问题的方式。

历史也可以被视为具有特定目的的特定视角，从而促进了对建筑环境的不同看法。这些观点意义重大，因为它们引入了不同时代的总体思想或宏大的理解。例如，政治或社会方面的认识在某些历史叙述中可能发挥过重要作用。历史作家提出他们对过去解释的看法，但并不总是承认其影响，可能是因为他们只是分享自己的观点而没有意识到还有其他的选择，也可能是因为在他们的理解中，这已经是对材料最好的呈现。西格弗里德·吉迪恩（Sigfried Gideon）的《空间、时间和建筑》可能被认为是这些作品中的一部，人们普遍认为这部作品推进了现代主义对空间关系创新的主张。[19] 后来有人认为这本书是国际现代建筑协会（CIAM）组织和分发的宣传品的一部分。国际现代建筑协会于 1928 年 6 月在瑞士成立，其宗旨是促进现代建筑的发展，它对历史的描述仍然将现代建筑视为是对以前建筑进行的根本改变。同样，多洛雷斯·海登的《美国梦的重新设计：性别、住房和家庭生活》也是一部历史性著作，主要探讨了政府和企业在性别化和郊区化的美国发展中采取的政策和行动。大量证据为这一观点提供了坚实的支持。海登的解释透彻而成熟，让读者产生一种除此之外历史不能以其他方式来看待之感。不管这些历史学家是否意识到他们的特定观点有助于将过去作为定理来解释，或者即使他们掌握了这些见解的独特性，这些解释都能够提供新的澄清活动，从而开启对过去的不同理解。如果我们能够从另一个角度看待所发生的事情，就能引入一种新的看待形势的方式。历史本身的运作方式也类似于一个定理。

另一方面，一些历史作家也公开承认自己的观点在提出的评估中产生的作用，并承认他们的观点只是一种特定的历史观。肯尼斯·弗兰姆普敦在《现代建筑：一部批判的历史》的序言中清楚地阐述了他的观点，并指出了唐纳德·舍恩和批评理论对其写作的影响。[20] 作为现代建筑领域最著名的作品之一，弗兰姆普敦在对建筑环境的诠释中表明了自己的观点，突出了探究路线在一切作品中的重要作用。虽然很难确定影响的确切结果，但对这些因素的认识支持了这一解释，使其成为一种识别和认同某种特定联系的定理。

在回顾历史和理论之间的关系时，对这些著作的鉴定很能说明问题——我们经常把它们称为历史或理论，尽管这些标签会有所删减和重叠。历史可以提供强有力的、令人信服的定理，而定理也可以提供有洞察力的历史背景。叙述和调查路线也能够有很强的共性，将它们分开或只考虑其中的一个往往导致对作品的歪曲。历史学科和理论学科之间的关系，特别是在它们的作用影响方面，都需要得到承认，唯有如此才能更好地解释它们的构成。

## 历史定理

"历史"和"理论"这两个术语的使用方式虽有不一致，但是通过确定这两个学科之间的关系，我们可以更好地看到历史数据提出澄清的方式，或者澄清活动如何使用历史数据。历史有时被认为是中立的，因为它一般是以某种确信的方式进行表达，因此对历史的叙述可能很容易在不考虑其依据的情况下就被接受。历史学家希望分享他们对建筑环境的看法和影响，这是可以理解的，但设计专业的学生都需要意识到这门学科的本身性质，并努力为所呈现的信息确定框架。这种类型的反思将提供一种方式，使历史成为一种强大的资源，而不是一种灌输学科特定观点的工具。把历史讨论看作"历史定理"，可以更准确地界定这种情况，将历史与理论联系起来，并确定那些在过去的叙述中起作用的观点。

虽然不同的历史叙述可以视为有着不同研究路线支持的历史定理，但这些对过去的诸多理解也可以视为一个"联系在一起"的复合物，它提供了一系列相互重叠、强化、对立和不相干的解释。也就是说，历史叙述中认识到的相似之处可以在各种观点之间建立联系。这些观点可以建立一个更大、更复杂的，对过去的事件、机构、人和建筑环境的欣赏角度。由此，叙述之间的差异也可以得到识别，从而通过引入一种分歧，使人们注意到信息本身。理解不同的视角如何支持各种各样的叙述，而不是寻求之间的对比，可提供对过去的多样化看法。将历史视为各种观点的混合体，无论这些观点是一致的、不同的还是相互背离的，都有助于我们认识到历史不仅仅是关于过去的单一、权威的报告。

因为对世界的精确性是理论化的一个特征，历史的主题可以理解为由许多关于过去的、根据证据仔细检查过的定理组成的。这并不意味着冲突内容不存在，因为不同数据的组织和评估方式可能会倾向不同的解释。就像保守派和自由派经济学家看待同一个市场并得出相反的解释一样，研究历史信息并得出不同的理解是可能的。然而，只有努力以准确和真实的方式描述世界，尽力避免错误或误导性的认识，这些理解才有可能成功和被接纳。虽然关于过去的各种观点都是能被接受的，这也并不意味着每一种解释都是有效的。

如果通过一系列条理清晰、高效率的历史总结来推进历史学科，则可能只显示了构成材料的特定方面，而减少了事件的丰富性和多重解读和解释的可能性。如果历史学科可看作不同观点的集合，那么任何文件均不需要关注所有的数据。此外，删节有可能导致对情况复杂性的忽略。为了提供一个快速的概览，以取代在特定时间内发生的各种想法和事件，细节和细微差别是不能被忽视的。例如，20 世纪初的建筑学通常被认为是借助于钢铁和玻璃的材料探索，通过建筑来追求全新社会的时代，然而这一观点掩盖了这一时期的许多其他工作，也忽略了诸如工艺及其影响等主题。将工艺美术运动看作是同步期的观点，体现了把历史时代划分成叠加的、加和性的问题。近几十年来，建筑的折中主义问题更为严重。虽然一些历史学家使用了"后现代主义"的标签，但作品的多样性很难总结，由此在建筑史上留下了一段没有浓缩定义的时期。通过这种方式，可以看到删减性理解引入了对该学科毫无意义的历史叙述。

把历史学科看作与理论学科密切相关和重叠的学科，就有可能把历史记述看成一种定理，这种定理可以促进有见地和信息丰富的理解，也可以促成新的见解，说明理论能够解决有关过去事件和环境的问题。历史和理论的共性可以被认为加强两者的原因，因为每一个操作都会相互加强。积极理论化的历史致力于澄清已经发生的事情，并提出可以解释过去的定理。一种论及历史的理论通过解释情境和背景来阐明以前的事件和背景。消除两者之间所谓界限的能力并不一定表明这两个主题是同一个主题，但可以说明它们之间的联系是深刻而丰富的，有助于各自在该领域发挥作用。

# 理论与设计

## 理论与设计的关系

与历史学科一样，设计学科往往与理论联系在一起，因为两者都是在学科的一般讨论层面上进行的，也与通过思想或建筑工程取得的建筑学进步有关。然而，它们的活动在焦点和类型上是不同的，它们之间的关系并不像这种显而易见的不同那样简单明了。虽然理论学科主要是关于澄清活动，设计学科则通常被描述为涉及规划或制作，如表达一个组成或想法。固然理论解释可以通过设计来表达，设计表达也可以通过定理阐明，但是这两者之间的确切联系仍然很难确定，因为它们之间的相互作用经常被混淆。如果对这些相互作用进行研究，我们就会认识到四种可能的关系：理论影响和引导设计，设计影响和引导理论，两者协同工作，或者它们的行为以毫不相干的方式进行。为了更好地理解这些可能性，我们首先需要更好地理解设计的定义、操作及其要素。

## 定义设计

设计是一个常常模棱两可的术语，涉及许多不同领域的广泛意义。作为动词，它被定义为"通过某种独特的符号、标记或记号指出或呈现，有表示、表明之意"。作为名词，"设计"可理解为"在头脑中构思并计划随后要执行的计划或策略；对一个想法的初步构思，其后通过行动来实现；一个项目。"[21] 在这门学科中，设计是作为一种经常进行交换的方式来进行应用的，有时引用某种努力成果，有时引用某种行动的结果。由于设计常常被视为建筑学的中心学科，因此在这一学科中的讨论会经常使用这一术语的两种定义，从而使得人们很难理解其确切含义。然而我们很容易毫无疑问地接受这个术语的变化，因为我们已经理解了背景含义。这种用法与"理论"一词的日常用法相似，因为它也可以描述动词或名词，表示一种活动或一系列解释。

设计的定义不仅在动词或名词的用法之间交替，而且在范围上也是不明确的。由于设计是一个经常被松散应用并且在建筑中可以引用多种含义的词，关于其实施范围的问题很快就会凸显 —— 所有关于建筑制造的努力都是设计的一部分，还是设计仅仅处理某些特定活动？设计要如何确定？它包括诸如管道系统的布置之类的东西吗？还是它只与特定的应用有关？ 类似于尼古拉斯·佩夫斯纳（Nicholas Pevsner）爵士的著名宣言：自行车棚是一座房子，而林肯大教堂是一座建筑。任何关于设计的讨论都需要找出它的参数，以便了解它是如何与相关区域相连的。然而，与其试图在能或不能被视为设计的表现形式之间划清界限，不如通过检查其运作方式开始对学科的审视。如此一来，它就既不是主题的边界，也不是术语使用的规则，而是对其运作方式的关注，从而反映了我们对历史作为叙事的讨论。

如果将设计视为一项活动，我们就可以回顾一些关于如何把握或定义这一特定任务的讨论。术语"设计过程"将活动与其结果区分开来，有助于进一步阐明它是一种进程。一般来说，一个过程包括一种方法或措施，并随着时间的推移而发展。负责阐明这个过程的学科中有许多争论，但尚未有一个关于设计活动的观点可以被认为是最终的和权威的。缺少单一的定义则意味着设计可以有多种方式，取决于设计师、情况的复杂性和活动的目的。不同的问题可能需要不同的考虑，而每个设计师可能都有用于构建问题的自己特定的方法。虽然不乏将设计描述为一个过程的说法，这些都可以进行深入的讨论，但本次讨论提供了一个广泛的概述，囊括了各种观点和关注点，为理解所涉及的基本原理奠定了坚实的基础。这样一个通用基础使我们得以探索设计和理论之间的关系，看看这些学科在可能的情况下如何相互影响。

### 设计过程描述

从广义的概括性到具体的活动标记，我们在该学科中可以找到许多关于设计过程的描述。对于那些熟悉建筑学的人来说，在获取任何描述的过程中遇上困难都不稀奇，因为设计问题本身就以其复杂的性质而闻名。赫斯特·里特尔（Horst Rittel）通过将设计描述为一个"棘手"的问题，充分表达了它的这一特性，正因为不存在可确保其解决方案的完整公式，工作没有明确的目的，它可以通过各种方法进行，可能有不同的开始，最后也有可能到达不同的结果，并且没有明确的答案。[22]这种设计的观点认为它是某种需要解决的挑战，或者是某种想要的东西，但如何实现它却不甚明了。虽然可以说工作并不总是复杂或困难的，但将设计视为一个问题——以及将设计过程视为解决问题的活动——提供了对情况的准确评估。这种观点随着建筑的日益复杂化以及建筑在现代社会中的作用而不断发展。

如果我们把设计过程定义为解决问题的活动，那么有许多公认的描述可以进一步说明这项工作的特点。通过这些内容，我们可以全面了解所涉及的活动类型，并为探索设计与理论之间的关系奠定基础。虽然设计过程的广泛概述可以表示为一组以开发设计为目的的，从一般到具体的活动，它也可以以多种方式构建，包括一系列确定的阶段、一系列宽松的决策、一个反思性的活动或一个用于随后分析的猜想。虽然每一个都可以因为特定的方面或特定的视角而区别于其他，但它们也都包含了关于设计的一般本质的相似之处。一个重要的相似之处是启发式或设计策略的使用。最后，一系列对设计过程进行理解的可能方法有助于形成对其组成和性质的广泛而准确的评估，从而允许对设计和理论的主题之间的关系进行检查。

### 分析 – 综合阶段

设计过程最常见的描述之一是分析—综合，或确定解决问题的一系列从确定问题开始进行评估的综合阶段。"编制程序就是分析，设计就是综合。"[23] 这句著名的陈述是由 Caudill，Rowlett and Scott 建筑事务所的创始人、美国建筑师学会资深会员威廉·佩纳（William·Peña）提出的，指明了由寻求问题和解决问题两部分组成的活动。在第二次世界大战后的建筑热潮和现代主义的消亡之后的几年里，从这个角度来定义设计的过程在该学科内非常热门。建筑行业在对新型建筑风格和更多程序性问题做出回应的同时，也寻求了一种更为科学的过程来开发建筑环境，以回应因无法解决客户需求或观点的建筑计划的批评。[24] 通过承诺进行更客观的调查，寻求确保设计过程重点集中并提供合乎逻辑的产品的可能性。对设计师的日常活动进行了研究，并对他们预期的或理想的工作进行了总结。设计实践的这些文档既表示了工作是如何进行，也表示了工作应该如何进行，可以作为一种行为模板。

多年来，许多设计师都提出了分析—综合模型。行为科学家琼·朗（Jon Lang）介绍了一种新的设计方法，作为对现代主义者所采用的设计方法的批判性回应。作为建筑的过程理论，它列出了设计过程所需提供的一系列活动。[25] 整个系列包括五个阶段，从收集信息开始，其次为制定可能的解决方案、评估和实施设计方案，以及反馈和使用后评估的可能性。有关构建环境的价值观和基本知识是该过程的支撑。工业设计师布鲁斯·阿彻（Bruce Archer）也提出了用一系列操作来描述设计的分析—综合描述。[26] 这个过程从基础训练开始，然后进入编程阶段、数据收集和分析、创意阶段，最后是沟通和执行解决方案。反馈循环模式和对数据分析和收集的持续关注可以进行必要的修改。虽然这个过程看起来是线性的，但重复的可能性提供了一种设计方法，这种方法在本质上可能比琼·朗提供的模型更具周期性。

莫里斯·阿西莫（Morris Asimow）对设计活动的描述体现了设计活动的循环性，通过分析、综合、评价和交流的循环，使设计活动从抽象走向具体。每个周期都

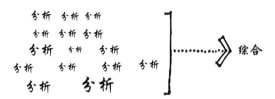

图 3.2　设计过程可以描述为分析—综合，它提出，对情况进行分析会导致对设计的综合

可以用来解决设计中越来越多的问题，造就复杂性和特殊性，从而朝着最终解决方案前进。蒂姆·麦金蒂（Tim McGinty）提出了另一种模式，他把设计过程定义为五个步骤：开始、准备、提出建议、评估和采取行动。[27] 取决于每个设计师的特定工作方式，启动、准备、提案制定和评估的各个阶段可以视为在迭代循环中循环，反馈回溯，甚至在循环中创建循环。

　　将设计过程描述为不同阶段的活动只是这一观点众多可能性中的一小部分，但已足以说明对这一观点的广泛理解和各种沟通方式。这些例子有许多相似之处，包括确定每个阶段的不同活动，以及具有明确开始和结束的工作的总体方向。分析和方案拟订是最初阶段，随后是综合或建议阶段，最后是评估和实施。虽然这些阶段看起来很有逻辑性，但奇怪的是，这些描述很容易变得比设计活动更复杂或更正式，也不那么混乱。在一些例子中，有一种后合理化的感觉，即各阶段似乎更容易在进程之后进行识别，而不是在进程中。包含大量细节的描述使活动看起来过于规范，即使这些描述可能包含了大量的准确性细节。然而，尽管存在明显的复杂性或刻板性，这些设计过程的描述包括许多反馈循环、迭代可能性和参与者的价值观。将设计活动定义为不同的阶段，并且详细说明每个阶段中的活动能提供一种观点，该观点不仅尝试合并所有涉及的工作类型，而且还尝试合并所有可能的场景。

### 决策树

　　术语"决策树"描述了感知设计过程的第二种方式，其中若干单个决策协同工作，共同组成一个更大的、有意义的序列。与其将所有设计活动划分为不同类型的不同阶段，不如将整个开发过程理解为一系列松散的选择，从而认识到不同设计师在解决问题上的非正式反应。要解决的问题通过个人的视角来进行确定和排序。每个人在其中运用自己的基本知识和熟悉的工作方式。设计过程就是对特定的想法或情况做出反应，从而践行这些知识。工作是通过一系列的决策推进的，每个后续决策都建立在前一个决策的基础上。最初的决策建立了对问题或方向的初步识别，从而开始一系列相关的选择。决策可以重新评估，并允许设计回溯，在继续一系列新的选择之前做出改变。这种方法取决于适用于问题的知识、对这些观点做出反应的生成性行动以及将这些结果作为一个组合作用于解决方案的片段进行的测试。[28] 这样一来，问题的解决就不是一套需要管理的全面的具体行动，而更像是一种组成一套决策的方式。

在达成这样一个决策的过程中有多种选择。一种是设计决策可以在没有太多远见或缺乏深思熟虑的情况下做出，可以在没有特别原因的情况下选择一种可能性而不是另一种可能性。这一系列的选择是任意和随机的，可以在整个活动中无系统地游走。尽管这种随机方法几乎无法支持决策，也无法影响过程的最终方向，但它仍然能够达成某种设计。例如，设计师有可能做出一个关于对环境的反应的决定，然后转向对细节的探索，并遵循这一点进行空间组织的研究。第二种选择是预先确定具体结论，所有的决定都是为了支持这个预先设定的结果。由于目的决定了措施，选择变得更加有限，但仍可能包括一系列可能性。因为结果基本上已经确定了，所以这一系列的选择可以不用太在意顺序。这种情况在预先确定以实现某种给定形式的设计中经常可以看到。一些选择，如关于空间组织和通气的选择，仍然需要研究和选择，但研究和选择范围可能是有限的，因为这些问题很可能会影响总体配置。其他的决定，例如那些关于材料和细节的决定，可能限制较少。第三种选择是意识到设计过程的整体组织，并按照逻辑顺序处理决策。以分层方式安排决策产生了一种排序，其中一个决策的结果与下一个决策之间有着合理的关系。组织方式可以从主要的想法到次要的想法，从细节到整体，或者从一个位置到另一个位置，然后再折返，在获得关于整个序列的信息后重新访问最初的决定。将系列决策从重大到次要进行组织可能是最常见的方法之一。

相反的，从小概念开始并向整体发展的一系列决策方式也是一种有效的分层方法。细节或个人想法很重要，并成为作品的起源。细微的开始导出其他越来越大的部分，从而指导整体的发展。其后每一个决定仍然包含许多选择，但从细微

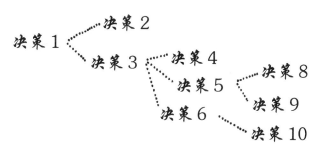

图 3.3　设计过程可以用决策树来描述，使用一系列决策来进行设计

处开始能建立一个发展的过程。在设计过程中使用层次结构甚至可以从谱系的一端到另一端再返回，有目的地颠倒过程，以便从不同规模的生成性想法中获得洞察力。设计师能够在不同的方向上做出一连串的决定，并以一种其他方法无法做到的后知之明的方式做出选择。

无论是随机完成，还是预设最终结果，或者通过分层过程，将设计过程视为一系列决策的做法把重点放在项目开发中选择的作用上。这种理解强调了可能被视为活动关键的东西，但依然包括许多解释事件的方法，因为需要识别、做出和测试决策。设计师必须认识到应该选择哪些内容，如何选择，以及如何评估结果。这一过程看似合理，但它不一定包括正式的分析、对价值的明确认识，或其他可能认为对质量设计过程而言很重要的方面。不一定要对超出设计师自己观点的事情做出反应的一系列决策可能会形成一种情况，即设计过程可能被理解为主观表达。然而，审查其他人的决定的能力可能会包含创作者以外的影响的可能性。将设计过程定义为一系列决策提供了一个宽泛的框架，没有限制性的指导方针，从而帮助抓住活动的核心，而没有规定具体的行动。

### 行动中的反思

唐纳德·舍恩提供了另一种描述设计过程的方法，他将活动称为"行动中的反思"。[29] 他将设计师视为"与情境中的要素进行对话"，通过解释来解决问题。[30] 在行动中，一个问题必须先得到确定，我们才能动手解决它。举几个例子，这有可能是关于如何创造一个聚集空间，一个建筑如何适应场地，或者甚至是关于如何加强空间，但问题不一定与项目简介所表达的或客户所概述的一致。设计师可

设置一个问题 《…………》 对情况进行反思和回应

图3.4　设计过程可以描述为在行动中的反思，设计师在行动中设置问
题，然后对具体情况进行反思和回应

以对情况进行解释并解决其认定的其他问题。在这种方法中，设计活动被视为对
当前环境的响应，并作为一种在现有限制和期望之间进行的取舍。

　　舍恩引入了许多术语来描述行动中的反思，包括"重构"和"鉴识系统"。
重构指为了引入不同的理解而改变对一种情况的看法。从而对如何看待设计问题
形成新的认识。它对设计师超越常规看待事物的能力进行了确认，引入一个可能
不明显，但可为设计打开许多积极面的视角。通过引入一种非常规的方法或关联，
可以对问题进行重置。例如，墙可以视为分隔空间的屏障或装置，坡道可以重新
诠释为倾斜的入口，场地可以首先理解为生态系统的一个组成部分。重构的能力
可以满足看到设计过程开始时所无法看到的情况的要求，并且一旦带来超出预期
的价值，它就可被视为成功的。这种对产生所需情境的行动的关注被称为"鉴识
系统"，认识到可以在项目中引入的积极因素。有经验的设计师可以看到这些提
供了有用性和意义的实例，从而引入判断设计价值的能力。在这种方式下，设计
过程被看作是在行动和鉴识阶段之间进行协商的活动。

　　将设计过程理解为与情境的对话后，我们就可以将活动描述为一种运作中的、
灵活的工作。这些操作涉及某种协商，但这种协商不是为了满足最低要求和达成共识，
而是对项目进行的改善。设计师在诸如环境、空间组织和程序需求等问题之间进行
转换，以达成满足甚至超过给定要求的方案。如果将设计活动视为一种对话，就可
以将任务理解为一种反思性参与，有意识地朝着一种有根据的和响应式的结果前进。

### 猜想－分析

　　对设计过程的第四种描述可以定义为猜想－分析。这种工作方式建议设计师先
提出可能的解决方案，然后分析这些解决方案的性能。[31] 一个人进行这种猜想的能
力来源于他的经验和知识，即关于建筑环境的整套信息。不过这也取决于设计师的
背景，比尔·希利尔（Bill Hillier）和他的环境科学研究小组进行的研究表明，这种

图 3.5　设计过程可以描述为猜想 - 分析，即提出设计方案并进行分析。接下来是连续
的猜想和分析，发展成最终的设计

知识背景是提出的解决方案的源头。虽然将对问题的全面仔细的理解中得出的建议当作基础似乎更合理，但设计师无法对他不知道的事情进行猜想也无可厚非。

设计被理解为一种不受影响就无法发生的活动——所有推进的事物都受到个人理解，以及他如何组织和架构情境的影响，无论是隐式的还是显式的。

分析作为一个关键测试，有助于设计的进展，可审查猜想的运作，并确定是否需要修改和完善。提案则成为评估的起点，有了需要评估的东西，设计过程就有了定义和方向。对设计要求的看法也变得清晰起来。在这种情况下，分析成为这个过程中的重要部分，因为几乎任何推测都可能被推进，但它的发展需要通过审查、接受和调整。当有一个方案需要审查，并且设计师愿意并且能够改变它时，就要确定什么是有效的，并对该设计进行改进。

将设计过程理解为猜测，然后对其进行分析，可以通过建立广泛而深入的可能性数据库以及采取强有力的评价措施来影响活动。潜在的解决方案以及他们应对情况的能力需要得到识别、应用和询问。对组织方式和建筑环境要素的透彻理解，以及对主体如何与当前问题产生关联的理解，都将对设计产生影响。个体不仅要掌握各种解决方案类型或策略，还要了解哪些应对措施适合哪些问题，然后在给定的情况下对其进行批判性评估。

### 关于启发式

启发式通常用于描述设计师知识库，它是所有这些设计过程描述中的一部分。启发式可以理解为策略或程序，因为提供了一套现成有效的回应体系，它可作为设计工具运行。从历史知识或个人经历到类型和类比，都可以看出这一点。

　　它们可以处理基本的设计理念，如组成和构造，包括线性或集中空间涉及的最基本的区别。在设计过程中，设计师采用启发式方法解决从背景到计划的所有问题。启发式将理解的内容与提出的内容联系起来，阐述了设计的基本元素是如何进行识别的，并创建了一套策略，使设计师能够推进他们的工作。

　　由于策略涉及从基本空间关系到类型的所有方面，因此需要管理的信息量非常巨大，以至于设计师通常只能认识并依赖其中的一小部分。通常，个人会使用经证明是成功的"经验法则"来处理手头的一切。这些策略都是由一个框架塑造并加强的，个体可以通过这个框架理解构建的环境。这样的方法不仅成为设计师的默认选择，而且在重复使用，建立起响应与人之间的联系后，这些方法也开始形成独特的态度。另一方面，如果只提供了一个标准的应用程序，启发式也是有局限性的。如果问题只能用公式化的回应来解决，那么设计的潜力就可能无法实现。

　　虽然对设计的基本元素有扎实的理解很有必要，但是认识到启发式只是一个更大的过程的一部分也很重要。通过理解这些策略的功能和定位，我们就可以了解在没有遗漏和规避的情况下如何支持设计过程。从组织到类型学的一切都只反映了问题的一部分。启发式为项目提供了许多机会，但是整个工作过程并不会因为设计策略应用而减少。

### *设计过程中的一致性*

　　以上这些描述都加强并扩展了我们对设计活动的理解，呈现了各种不同的方式。虽然这些描述包括了对理解活动的不同方式的对比，但从中我们也能够识别所涉及的元素和操作中的许多相似之处。事实上，这种对比可以被认为对定义设计过程的活动类型的类似理解，但引入了强调用特定元素或框架替代基本操作的简单变化。例如，对设计过程的所有描述都包含了某种思考和组合。思考总结了包括分析、反思和评估的操作，也包含了响应和帮助形成正在创造的东西的方面。它可能包括对调查过的特定情况的回顾，对类似项目或问题的调查，寻找灵感和通过对潜在的反应进行评估来创造一个特定的要素的行为。创造是由思维产生的物理性建议，将思想表现在建筑的空间和形式上。这种思考和制作的结合已经有了明确的进展，甚至那些在本质上看起来更线性的进程也有反馈循环，从而可以对早期的设计进行审查和修改。这些都依赖于设计师带给作品的基础理解。同时也都包含了这样一种期望，即设计师会提出某些可能被看作是研究的综合体、创造性的表达，或者是一种熟悉可靠的解决方案。这些描述提供了对设计过程进行理解的各种方式，也可以从中看到所有的可能性，以支持对事件的连贯的整体解释。

有了这些相似之处，我们就可以确定构成对设计过程的共同理解的基本元素和行动。如果对这些描述进行分析，我们就会发现所有这些描述都包括要解决的问题的识别以及识别这个问题的人的信息。此外，还有一个用于思考和制作的时期，它可以很短暂，也可以很漫长，并且可能以任何顺序甚至是周期性地发生。在分析 – 综合、决策树、行动中的反思和猜想 – 分析的不同描述中，可以很容易地看出这个思考和制定阶段对主要活动均有反映，尽管顺序和侧重点可能不同。这种思考和创造是两种不同的活动，尽管它们经常同时发生。它们的区别在于一个关于生成，另一个关于分析，是两种不同的操作。这种搭档方式可以促进开发，因为结果是通过审查来推进的。虽然这些活动可能会，也可能不会取得最终的完整结果，但该过程始终包括一些建议或响应，包括预期的计划或建议的解决方案。无论我们如何看待具体的活动，或是将其与学科中的其他主题进行比较，对设计过程的广泛总结都使我们能够更好地理解这项工作中涉及的要素。

### 区分设计过程和理论化

当我们对设计和理论的活动进行比较时，它们的共同点说明了这些学科是如何相互作用的。如果设计过程可以理解为包含问题的识别、识别问题的人、思考和采取的行动，以及由此产生的建议，那么我们就能够将其与理论化的要素进行对比。迈克尔·奥克肖特提出的理论化的组成在这一点上很有用的，因为它可以作为总结设计过程的基本要素的指南。奥克肖特指出，理论化由四个部分组成，包括：一个"继续进行"的部分、一种反思意识或一位理论家、一个由理论家设计的探究或理论化进程，以及苗头或定埋。[32] 这两项活动的比较表明，两者都涉及某个思考一个问题的个体，并由此产生了某个结果，同时有记录这一过程的文件。

在这两种行动中，对最开始的努力的初步观察表明了足够的、可激励个体采取行动的意义。这些初步观察可能很快就发生，也可能需要很长时间才能被人认识。此外，这类行动可能发生在较短时间内，也可能发生在较长时间内。最后，这项工作可以对一个小范围的或广泛的问题进行简单或深入地处理。然而，设计过程又不同于理论化的目的和结果。这些活动可能有相似之处，但不可互换，且需要加以区分，这其中有几个关键区别。

虽然设计过程和理论化都是从观察开始，但它们的意图是不同的，一个是为了通过计划或创造来解决问题，另一个是为了寻找解释。这种差异是微妙而又关键的：通过一个计划或方案解决一个问题是在寻找解决办法，而试图澄清一个想法或问题则是追求更深刻的理解。前者寻求对一种情况做出明智的反应，后者则旨在提高理解力。这两种行动的理由表明了分别有两个不同的目标，这两个目标有可能一起解决，也可以理解为不同的追求。

一旦认识到设计产生了一个特定的局部解决方案，而理论化在本质上是普遍的，这种差异就得到进一步凸显。这两个行动的结果是相似的，都形成了一个关于相关想法的文件，该文件可视为工作的停止点；然而，最终产物的不同之处在于，设计的过程提供了一种具体的创作，可以用从草图到三维的各种形式来表达，而理论的过程产生了一种概括和抽象的描述。虽然这两种类型的文档都有助于更复杂的背景理解，从而支持新的设计和理论的产生，但最终产物并不相同。

理论和设计在如何延续上也有所不同。理论化的一般性和永无止境的性质使得相关工作可以在任何时候都可重新开始，通过进一步的调查进行扩展和发展。一旦理论化工作开始，它可以轻松地横跨许多项目、许多年，甚至贯穿研究者的整个职业生涯。保持这种探究路线的能力总是存在的。另一方面，尽管活动长度各异，设计活动通常有一个可识别的开始和结束标志。不同的设计方法可以进行研究，启发式可以反复使用，然而当某些产品被生产出来时，设计工作就停止了。由于一般性和连续性，设计的情景性与以总体恒定持续方式工作的理论化形成了鲜明对比。

因为设计过程和理论化两者在总体组成方面的相似性，将这两种操作融合在一起是有可能的。但是，工作目标和产生的结果类型的差异表明，设计和理论化具有根本意义上的区别。了解这些区别并理解其影响后，我们不仅可以更好地全面掌握这些学科，工作也会更清晰明了。没有这种观点，这两类活动就很容易混淆，从而使每个学科的发展都举步维艰。

### *设计过程和理论化的相互作用*

设计过程和理论化之间的区别使这两种操作具有不同的作用和目的，但它们也有许多相似之处，包括一个平行的整体组织架构。这个观点开始告诉我们应该如何描述这两个学科的关系。具体地说，我们可以检查它们的过程并调查可能的联系，探索这些活动可能相互作用或不相互作用的各种方式。可能性包括设计过程和理论化之间的共同作用，一个主导另一个，或者两者之间没有任何联系。如前所述，这些选择最后转化为四种可能性：理论化和设计共同作用；理论化指导设计并给它提供信息；设计启发和引导理论化；或者两者独立运作，没有联系。探索这些愿景有助于加深对这些活动的理解，不仅能展示这些元素是如何协同工作的，还能揭示这些学科是如何相互关联的。

如果我们从设计过程和理论化的这两个操作如何协同工作开始研究，那么对个人寻求对某一问题的澄清和回应有激励作用的初步观察结果可能是一致的，也就是说，可能有这样一种情况，在其中寻求解释和制定计划二者相互支持。然而，我们必须认识到这两种意图是不同的。关于二者联合的一个例子是调查城市结构如何在作为一个立面或形式系统运作的同时参与到城市环境项目中去。我们很快就会发现，理论化在关于这个问题的本质上是笼统的，它只寻求抽象的理解。该设计项目可能会探索其作为立面或形式的一部分的作用，但是以本土化的和特定的方式完成，以响应项目和场地的特殊需求。通过这种方式，我们从一开始就可以认识到两个不同层次的思想。活动涉及理论化以及思维和制作的周期，然而，差异还是很明显的。理论化发生在一般的水平上，反思问题，以寻求抽象的解释或澄清。另一方面，构成设计过程的思考和制作关注的是问题的局部性和特别性。

在探索这些活动协同工作的可能性时，我们认识到，这三种行动虽然都有可能在一个事件中发生，但它们仍然是相互独立的。也就是说，在设计过程中，创建计划并对其进行反思构成了创造和思考的独立活动，这也不同于发生在独立的、一般的水平上的理论化。创造、反思和澄清是三个独立的活动。如果这项工作在创造、思考和理论化之间交替进行，那么，由于进步是通过构建新的和改善后的信息来实现的，每一项的发展不仅有助于自身工作的进展，也有助于其他工作的进展，工作中的方方面面也都会受益。在这些活动之间保持良好的平衡可能并非易事，而且在特定的时间，某些部分可能会受到额外的关注。同时兼顾设计过程的操作和理论化是可能的，并且我们对潜在的交互作用是如何发生的有了一个清晰的理解。

关于这些活动之间的关系，另一个选择是将一个优先置于另一个之前。如果我们认为理论化发生在设计过程之前，那有可能是这个顺序提供了一种建立普遍性理解的方法，为随后的设计活动提供指导。这两者之间的相互作用是一个使得澄清和解释更快，并可用于协助设计过程的顺序。例如，一个观察开始理论化后发展出一个有文献记载的定理。该定理反过来又能够将信息引入设计过程，从而对考虑和猜想产生影响。这样，这项工作就成为一个要素体系，如果加以观察，就可能产生新的理论。

一个活动先于另一个活动的第二种考虑是，设计过程主导理论化。这种可能性表明，思考和创造作为一种统一的创造性行为运行，在考虑各种各样的问题后以一种形式进行表达。理论化能够对这一活动进行反思，利用工作本身发展出一个普遍性的澄清。这种设计过程的优先顺序可以看作将理论化降级为反思甚至后合理化，使设计过程处于首要地位。然而，由于理论化的反应性，这种联系也提供了许多优势。换句话说，理论化是通过观察开始的，可以理解为对从思考和决策中观察到的信息的反应。这种秩序在理论家和历史学家的工作中并不少见，他们试图解释世界，对建筑环境的条件进行洞察和解释。

理论化是在设计过程之前进行还是之后进行，可视为一场鸡生蛋还是蛋生鸡的讨论，没有解决的希望，而且意义不大，因为这两项工作可以在任何时候进行重新审视和考虑。在这种观点下，设计过程和理论化可以看作循环运行、相互支持的。它们都有可能在短时段或长时段内发生。顺序和时间可能并不重要；然而，当一项活动可以为另一项活动提供讯息时，可能会带来好处，因为这种互动对设计过程和理论化的发展都很有助益。

设计过程和理论之间的最后一种关系是，两者是独立的，且这种独立性保持不变。我们已经认识到，设计过程涉及思考和创造，思考的重点则是创造目的。另一方面，理论化试图进行澄清和阐明活动，提供新的见解和理解。在文献中对成果进行澄清的时候，理论化就会导致定理的形成。这两种追求中的差异是显而易见的，这就向我们解释了这样一种情况，即设计过程和理论化不仅是不同的，而且为不同的目的而运作，并导致不同的结果。从这个角度来看，我们可以了解到，设计和理论学科的关系相对疏远，因为它们是同一类学科的组成部分，但不一定相互作用。

认识到设计和理论学科没有直接联系后，我们就为活动引入了一种自主意识，从而将每项操作视为独立的事件。然而，采取这样的立场可能会忽略隐藏的联系，因为设计过程中涉及的思考基本都来自熟悉的理解或知识库。这些基本的理解通常包括公认的和经过检验的定理。设计过程和理论化之间的互动可能是有距离的，甚至是潜在的，但二者之间的联系仍然得到普遍认可。虽然借助于一套公认的、已确立的定理进行设计的话，可能无法在学科中推进新思想，但这种活动可能相当普遍。同样的，理论化可能与设计过程挂钩，因为理论化可以理解为依赖于设计工作来进行新的澄清活动。对建筑环境的讨论和发展是理论化的源泉，这些行为对设计和理论研究都有重要意义。

---

## 理论与设计的关系：伯纳德·屈米的流动与分层连接

理论化活动和设计活动之间的关系包括一种先于另一种、两种共同运作或两种根本不相互作用。身为一名建筑师，伯纳德·屈米呼吁人们多留意这些可能性，并让人们意识到这种情况的灵活性。在讨论他的工作方式时，屈米描述了理论化和设计之间的关系，他说："过去的一些理论主题至今仍然存在于我们的工作中，但原先往往是理论先于实践，现在则是实践先于理论。这是一种流动性很强的关系。"[33] 这一了解介绍了两个活动独立运作，同时也相互提供支持的优点。屈米也认识到，理论能够以更广泛、更全面的方式运作，创造出一种分层的关系。

屈米的理论化和设计活动没有特定的顺序，利用这一理念，屈米可以灵活运用这两者，而不需要特别关注它们如何相互传递信息或彼此影响。这使得在从事这些活动时，我们不需要对第一个行动进行预判或对是否需要继续进行第二个活动做出决定，甚至表明在给定的时间内我们甚至可能都不必使用这两种方法—— 这意味着可能在相当长的一段时间内，我们可以在不考虑设计的情况下研究理论化，或者在与理论化没有直接联系的情况下进行设计。如果这二者在某个特定的工作中互相联系，则这种关系可能在任何时间点发生改变或解散。如果二者没有所需关联，则可以主动发起关联。认识到这些可能的变化后，这项工作的进展方式和反应能力变得更灵活。屈米认为，这两个活动在必要时可以彼此操作，而不受特定顺序的限制。这种关系的自由开启了对任一活动进行优化的可能性，因为两者都不受另一个活动的限制，但在需要时可以提供支持。

然而，屈米也指出，理论和设计学科之间的关系比两个不同活动的简单共存要复杂得多。他的关于"过去的理论主题"的观点是对理论的抽象性和一般性质的挖掘，对他现在的工作仍然有影响。由于能够跨越各项不同事业，理论化是随着时间的推移而联系在一起的，而不是只在孤立的事件中运作。屈米清楚，经过多年的发展，他的理论已演变为一个可以用于指导多种工作的重要结构。这一观点在他的另一个观点中得到了呼应和扩展，该评论描述了他对理论在实践中的作用的看法，他表示："虽然一个严格的理论论证需要数年的时间来发展，但理论很少是一个项目的起点。这更像是一个总体框架。实践可以先于理论，正如理论可以先于实践一样。"[34] 很明显，屈米将理论观点视为能够为工作提供方向的东西，但这并不意味着它必须在参与任何设计活动之前先得到发展。这两种工作都可以在任何时间按任何顺序进行。简单地说，理论化有可能在各种活动过程中被编译和修改。虽然屈米也注意到他的澄清活动是在很长一段时间内建立起来的，但在这段时间内仍然存在着设计活动的可能性。"总体框架"确定了一个更大的思想体系，它有助于指导人们的工作，并且可能会持续很长时间。

　　　　有趣的是，屈米在讨论理论化与设计之间关系时引用了 10 年前的话。他对活动顺序的灵活性以及理论作为整体结构作用的看法依然抱持着他多年来的理解。这些理解中的自由度奠定了他工作的广泛基础。理论的概念具有自主性和独立性，它有一个概括的、总体的方向，描述了理论化的层次，以及理论化和设计之间可能的广泛关系。这种理解方式为如何对其进行构思和使用开启了可能性，使它成为一个颇具潜力的工作。

　　对设计过程和理论化之间可能关系的描述阐明了这些活动如何相互作用，但更重要的是，它们提供了一个更宽泛的理解，即如何通过这种联系支持和加强其运作。理论上的进步可以积极地支持设计过程，而思考和创作为进一步的澄清提供材料。虽然这两个科目彼此不同，它们的关系是对彼此有益的。另一方面，哪怕理论化和设计过程很少或根本没有联系，这两种操作本身仍然是可靠和健全的。单独对话的可能性仍然允许理论化在为设计过程提供创意的同时不断进步，同时使这门学科继续发挥良好的作用。虽然这两个活动之间的关系还没有明确的答案，但这些可能性揭示了设计过程和理论化的目的和功能以及它们相互作用的方式。

## 理论与批评

### 理论与批评的关系

　　对批评的理解往往不同于理论、历史和设计，因为它通常被视为这些学科的组成部分。鉴于此，通常认为它是某种辅助性的部分，而不是作为一个单独的和独特的个体。当然，批评可以被视为依赖于其响应性的作用，即对可能的或实际的想法或情况做出反应。然而，它在该学科中提供了广泛而重要的功能，因为它既可以嵌入其他操作中发挥一般分析功能，也可以对提案和构建形式的评估进行更广泛的讨论。这使得它能够被视为一个独立的主题而单独运行。如果只能将其视为理论化和设计过程等活动的一部分，则批评的一般性质已经在前面的对话中进行了概述，因为它在这些学科中起着至关重要的作用。但是，如果将批评作为一个单独的主题来进行关注，就可以将其当作一项独立的工作，从而使人们对这一重要活动有更深入的了解。批评的主要目的是对建筑进行反思，它涉及从认识和解释建筑空间和形式到应用一系列评价方法的方方面面。它可能具有建设性或破坏性的意图，但基本目标是提供评估。这些操作不仅有助于区分批评，显然还可以揭示其中的联系，阐明其与科目中其他科目的关系。仔细观察，我们就会发现这些联系是如何被理解和运作的。

## 定义批评

批评通常可以被定义为进行分析和评估，以便在简单描述之外，对作品进行明智的讨论，从而能够集中精力解决手头的问题。批评源于希腊语 krinein 一词，意思是切割、分离、划分和区分，一直与分析和辨别行为联系在一起。[35] 这一术语可以解释为"对任何事物的性质或优点进行批评或判断的行为；特别是不利判决的通过；找茬，谴责。"[36] 在最近的几个世纪里，寻找错误的讨论逐渐发展到包括文化和歧视的观点，使我们意识到"判断天然取决于一个阶级乃至一个职业的社会信心。"[37] 批评的权威性承认了批评家的隐性力量，因为这些评论似乎占据了某种优势地位。

批评在建筑学中所起的重要作用，与它在文学学科中的作用是相似的。关于文学主题的讨论为文学活动提供了丰富的知识储备，因为文学批评中的对话提供了广泛而适用的深刻见解。伟恩·舒马克（Wayne Shumaker）在《批判理论的元素》（*Elements of Critical Theory*）中提出了最敏锐的批评手法，深入讨论了这个话题。他接受其他学科可以替代"文学"的观点，对批评作了如下解释：

> 显然，对批评的一般定义必须是宽容的、感情上中立的，而不是为了推荐自己喜欢的内容而刻意编造的……我们必须可以满足于说，批评是对文学的明智的讨论，不要对"知性的"进行宽泛的解释，让文学成为焦点，而不仅仅是批评家关注的载体。[38]

舒马克对批评的定义是将其描述为一种以知识能力视角为指导的评论，而不是一种特定的或受欢迎的观点，对将基于个人观点或个人意图的观点纳入评估的行为进行了谴责。这一描述将批评中的判断和辨别与理性和熟悉性联系起来，指明了一个更理性、更有普遍性的基础。这样的立场提醒我们，在所有活动中，包括批评活动，存在着一种可以用来建立并指导活动的范式。对特定信仰和价值观的假设会影响批评。在寻求中立和明智的同时，这些因素总是受到视角所依据的范式的影响。

舒马克对批评的讨论也显示了这种情况的复杂性。谈到分析和评价之间的区别，他指出，与评价中涉及的信念或偏好相比，分析似乎是客观的和描述性的。然而，舒马克认为，两者都包含了一个必要的优先排序行为。要判断一件事，必须先认识和理解用于回顾的东西。在这种情况下，确定研究的重点就是批评本身的一部分。识别值得回顾的东西就成为最初的操作，这也标志着某种信念或标准在一开始就发挥作用了。舒马克在讨论批评的内容时指出了这种情况，指出判断和分析与辨别和评价没有明显区别：

> 因此当我们继续对这一争端进行反思时，这一问题的可妥协性不就完全不足为奇了吗？判断对于批评来说确实是必不可少的，但只是因为其本身明智的分析，就像明智的评价一样，在很大程度上依赖于判断的运用。我们应该从一开始就认识到，处理分析数据中的偏见性不亚于评价性裁决中的选择。[39]

将批评定义为一种从一开始就涉及价值观的广泛而明智的讨论，承认了世界观作为工作基础的事实。批评被理解为嵌入在一个特定角度中的成分，并从这个角度推进活动。分析和评估作为一种探究路线，追求着某种特定的思考方式。这样，批评活动和理论化活动就有了共同的特点。然而，从在批评中如何理解和运用这些研究线索，我们可以看出批判与理论化既有相似之处，也有不同之处，这在很大程度上也传达了这种评价活动的性质和特点以及这两个主题之间的关系。

### 批评与理论化的互动

批评和理论化都是研究的主线，但理论化推进了一种观点，而批评则对其进行了审查和评价。这些行动似乎背道而驰，因为理论化试图建立某种理解，而批评不仅对总体工作提出质疑，而且自身也构成对工作的质疑。然而，推进和评估都可以被视为积极的步骤，因为工作在这些进程中得到进一步发展。也就是说，批评有助于推进理论化，因为它帮助人们发现理论化中需要解决和完善的问题。这些活动的目的各不相同，但从总体上看，两者都有助于工作的进展和改进。

这种批评和理论化的观点也传达了两者之间密切联系的可能性，因为它们彼此支持另一个的目的。理论化产生了批评的材料，而批判的评价维度则提供了一个对集中观点的澄清活动。不过，两者都是独立运作的。它们就像油和水一样，有着强烈的相似性，但又保留着各自的特性。它们以不同的方式混合在一起，从而形成不同的组合，呈现出一种有一致性但不完全均匀的混合物。这些差异并没有从根本上改变批评与理论化之间的关系，却引入了不同的考虑。

如果我们把这两个行动作为完全不同的探究线来看待，我们就能看出，澄清活动可以不经过分析而发生，它可以不经过反思或判断就提出一个解释。回顾可能有助于理论化的发展，但它不是这个过程的必然要求。类似的，批评可能作为一种独立的操作而发生，专注于不再作为理论化的一部分，例如现有的定理或构建的形式。批评经常被当作是一个运作主体，对公认的定理或建筑环境的元素进行分析和评价。因为这个操作判断的是一个调查的结果，无论是一个书面文件还是构建环境的一部分，因此批判和澄清活动的直接联系就被移除了。理解中的构成批评的各种价值观、知识和其他问题可能是有益的，但同时也造成了问题。拥有广博的观点和知识的批评家或许能够提供广泛的、有见地的意见，然而这种特殊的理解可能会以某种特定的方式改变原先的对话。如果对各种信念和信息了解有限，他们的评论甚至可能被认为是没有说服力的或业余的。批评本身是作用强大且重要的，但它与理论化的关系并不是必然的。

另一方面，如果尽可能地模糊这些活动，并检查这两条调查线之间的相互作用有多密切，我们就可以看到它们之间持续不断进行协商的可能性。把批评看作有助于指导发展的评价，就可以为澄清活动提供帮助，因为这些探索可作为需要解决的问题的指示。通过这种方式，批评可以视为与理论一起工作，以推进所寻求的清晰性。澄清工作和评价工作之间的对话能够建立一种采用了批判性思维的协商，这种思维以有意识和分析的方式追求明智的进展。然而，虽然发展活动和检查经常一起发生，它们的区别仍然是得到公认的。迈克尔·奥克肖特说："一个理想的对象（例如一门科学）不能同时被使用和审问。"[40] 奥克肖特指出，应用或审查都会起作用，但不是同时起作用。在体系结构中，这两个活动可能以交替的方式发生，但是可以确定是两个单独的努力方向，因为发生了两个不同的功能。因为涉及创作和反思的时间跨度似乎是统一的，所以人们通常把这些活动视为一个单独的事件。然而，无论是建立抽象的定理还是某种物理形式，回顾行为要求我们在某一点上停止发展，以便对之前的工作进行评估。反过来，为了工作进展，工作评审也需要在某一点上停止。这两种活动可以进行协调，但它们都是单独的操作。

值得注意的是，这些活动也可能由不同的人参与。批判可以独立于创作这部作品的理论家或设计师，但可能不再参与作品未来的发展。相反，定理或构造形式的开发者也可能不是批评家。由不同的个人担任这些角色的好处也包括这样一种理解，即通过理论或批评所进行的每一项调查都可以得到清晰和有力的理解，然而，各方沟通的实用性以及由此产生的时间成本可能会对这种组合造成不利影响。尽管理论化与设计工作室中运用的定理不同，但设计师与评论家之间的关系很好地反映了这种情况。在学习作为一名理论家时，设计师和评论家需要善于在澄清、表达和分析之间转换，清晰地关注每个活动的目标。

因为这些定理和所建立的工作与促进它们形成的观点是可分离的，而且可能涉及不止一个人，它们的解释经常可以在不考虑最初创造意图的情况下进行。涉及的观点的数量将理论与批评区分开来：理论建立在一条调查线的基础上，形成一个单一的、连贯的澄清，但批评可以自由地从任何观点开始进行评估。有助于产生作品的世界观的陈述或知识可能会得到承认，但它们对评估而言不是必然条件。批评家的观点可能完全不同于那些帮助创作被审查作品的观点，为评论提供了框架。批评具有的可转向各种信仰体系或其他研究领域的能力，便它能够提供严谨透彻的分析和评价。这些差异显示了批评家可加以利用的灵活性，这种灵活性创造了一种几乎全知的力量。

虽然批评能够使用任何调查线路，但即使在理论化中使用相同的调查线路，批评也提供了一种从一套共同的价值和信念中对思维进行回顾的方式。这一相互基础使审查能够按照其发展所使用的条例来审查工作。评估是在接受工作假设的情况下进行的，而不是引入不同的角度进行审查。这种判断是由诸如"这种批评是否以一种有意义的方式促进了这种方法"或"这种批评如何能使这项工作变得更清晰或更强大"的想法进行引导的。通过从作为理论基础的观点出发，批评避免了由不同观点引入的讨论，并且能够保持对工作核心的关注。这种集中使工作得以继续发展，因为审查有助于改进其进展和潜力，或是至少暂时接受了理论化的前提，对理论化本身也有所贡献。

从不同的角度进行批评的理论可能会造成一种情况，即对澄清活动和审查的理解可能彼此不一致。这些差异开启了另一种观点的理论化，并通过假设的对比对发展提出疑问。从另一组信仰体系中产生的反思可能支持理论化，并增加了理解工作的广度。然而，这些审查也可能与部分或全部理论相冲突，从而造成一种情况，即作品发展中引入的意识在其中形成反驳和回弹，或者需要适应。这种评估是由更宽泛的问题进行指导的，比如"这种批评是否引入了可能值得我们考虑的、合理的替代观点"或者"这种批评是否转变或改变了对这种或其他观点的理解"这样的回顾开启了对手头工作的评价，也开发了这种思维方式的价值。如果批评中提出的问题的回答缺乏价值或连贯性，就会影响，甚至停止或逆转理论的发展。然而，坚定且有分量的答复可能会说服批评者接受所提出的观点。因为强大的、理性的和有一致的工作才能持续下去，理论和批评的不同观点可能以一种转变或妥协的方式表现出来。拒绝达成任何决议的情况也可能发生，因为不同的信仰体系可能会驳回和否定其他体系的观点。

### 批评的本质

将批评与理论联系起来，有助于指导工作进程，从而推动更强有力的发展；然而，它也可能增加了工作的复杂性，因为任何回顾审查都包含了引入无数其他问题的可能性，这些问题可能对理论家和过程或产品发展有帮助，也可能没有帮助。

由于各种各样的观点和关注点均可以在评论中使用或解决，因此审查似乎有无数潜在的方向和重点。评论家在评价中应用任意世界观的能力是一种强有力的立场，立场的宽度似乎是无限的。探索反思工作的意义，可以揭示价值观和信仰在批评中的作用，以及评论从开始的那一刻起是如何形成的。此外，对完整性的解释、对权威的要求以及在学科更宏大对话中的位置的探索有助于揭示批评的性质和广度，从而更好地解释批评的作用。如果没有这种理解，批评可能会被视为一种具有不可控制的统治地位的活动。

我们知道，价值观从一开始就存在于审查回顾之中，因为批评是从确定要评估什么开始的，这本身就是一种价值判断。如果批评家选择评论某个理论的一个要素，或者某个定理的一个方面，或者一个构建的形式，那么批评家的观点和引起这种反应的作品之间的情况是有关系的。例如，评论者可以对从标准化的影响到建筑形式的任何问题进行评论。这种选择可以理解为来自评论家的个人观点，对作者提出的特定观点的回应，对问题的原则性的或传统的理解或其他反驳。不管批评是如何引发的，关于作品的评论都会从不同方向涌来。对特定话题的关注从一开始就表明了评论家的偏见。即使是本质上最常规的批评，也会被认为依赖于各种各样的影响，这些影响可追溯至个人世界观、讨论的背景或其他此类考虑。这类活动中价值观的存在不能被否认，也不应该被忽视。

特定的价值观可以成为评论家工作的驱动因素，甚至成为与个人相关的观点。霍爱妲（Ada Louise Huxtable）就是这样一个例子。她是首位获得普利策奖的建筑评论家，也是首位为《纽约时报》撰文的建筑评论家。一直致力于提醒建筑师、开发商和公众历史建筑的价值，以及郊区扩张的问题。她的批评主要致力于影响人们对城市发展的思考，提高公众在这方面的意识，并为关注城市历史结构的市民发声。霍爱妲对她所持有的价值观提出了公开透明的观点，这也成为保护建筑环境的战斗口号。她在 1963 年为拯救纽约宾夕法尼亚车站所做的努力记载于她的文章《如何杀掉一座城市》中，成为一个重要的和有说服力的论据。[41]

被理解为构成批评的各种价值观、知识和其他问题可能是有益的，但同时也造成了问题。拥有广博的观点和知识的批评家或许能够提供广泛的、有见地的意见，然而这种特殊的理解可能会以某种特定的方式改变原先的对话。如果对各种信仰体系和信息了解有限，他们的评论甚至可能被认为是没有说服力的或业余的。然而，在任何情况下，经验都会造成一种情况，即对任何工作的审视都是带有偏见的，因为这是一种观点对另一种观点的审视。

进行回顾审查需要一定程度的知识，但是这种知识本身带有偏见。虽然似乎任何作品都应该根据其自身的条件进行评价，但批评并不能否定因它产生的经验。认识到这种复杂性不仅能使批评得到更清楚的诠释，也提醒了批评者，他们的固有观点和知识有可能让他们的努力显得不公正和自以为是。

认识到批评中的偏袒意味着这项活动无法达成一个明确全面的评估。要获得某种完美的理解是不可能的，因为没有任何批评能够在涵盖每一个可以想象的观点的情况下提供评价。舒马克意识到了这一局限性，他说"所谓关键的目标——对作品、时期、动作、惯例、技巧等的全面的、经过评估的理解，实际上是不可能实现的。"[42] 提供可包罗万象的评价意味着能够从所有可能的方向探讨所有的观点。尽管这样就可以对所有可能的评论进行探讨了，但显然是不切实际的。此外，由于新事件不断对观点和理解进行修改，因此需要针对不断变化的环境进行全面的批评。正如加达默尔（Gadamer）指出的，解释取决于背景，批评也同样受其影响。它无法提供真正完整的评论，因为作品始终可以从新的视角来进行理解。但是，批评的有限性并不是弱点，因为它仍然提供了洞察力和方向。

尽管批评只是提供了对某些作品的片面的和不完整的评价，它通常被看作权威人士提出的观点。这种反应可能是因为作者愿意倾听批评，因为反馈有助于继续发展。它也可能源于批评家的立场，其观点通常至少能在批评的持续时间内保持影响。如果作者要从评价中受益，她就必须向各类评价敞开心扉。这就自然而然地造就了一种情况，在这种情况下，评论家可能会在这一事件中扮演主导角色；然而，这不应被误解为一种持续的优势。知识渊博而有经验的评论家经常在作品之外引入一系列的想法或考虑，更好地服务于评估过程或产品，但这种能力不应被看作一种完全和最终的权威。作者的工作仍然是倾听评价，讨论其优点，并在意识到批判的情况下进行修改发展。

在这一点上，批评的性质可以看作是广泛的，也可以看作是具体的，因为它有可能通过一个特定的角度或背景来回应任何作品。在单个过程或产品的层次上，评估可以提供许多评价。如果我们要在更大的范围上理解批评，我们就可以看到，认识到价值、知识和其他问题带来的更广泛的设计对话是如何开始批评的，它不是从一开始就建立某种理解，而是进入正在进行的讨论中，从而开始进行批评。评论家在对话中开始评论，不仅提供了与项目相关的评论，也提供了与学科相关的评论。这种看法采用了各种条件下的假设，这些条件取决于时间和地点，关注点包括对过程或项目的背景的理解，以及给正在审查的进展提供信息的之前的工作。

我们也可以对批评进行审查，以了解其重点和范围。评估可以针对某一特定作品，也可以针对它所基于的观点，这表明批评可以有不同的方向或焦点。专注于活动或产品的审查会接受作品的前提，但是也可以对作品所包含的信念和价值观进行审查。关于批评的具体范围，可以区分为根据活动设定的条件进行的评价，和将外部准则或框架引入讨论的评价。在这些审查中，批评可被认为提供了以不同方式评估作品的视角，但不一定要理解成最终的权威。

虽然批评可以被视为一系列没有终点的评论，但认识到它的目的是提供某种明智的讨论有助于我们从积极的角度看待这一活动。就像设计、历史和理论一样，批评在不同的视角中发挥作用，并受到价值、背景和历史的影响。然而，与其他学科不同的是，批评可以轻松而迅速地在不同的视角之间转换。以进行明智讨论为目的，它可带来改变观点、方向和范围，从而集中提供一个价值评估的探讨。这种评估可能包含过程、产品和观点，但它只能提供部分和特定的不具备权威性的审查。然而，不管什么限制，批评的这种本质为学科提供了坚实有用的评价活动。

## 理论和宣言

### 理论和宣言之间的关系

作为公告，宣言用于公开宣布信仰，澄清立场，甚至是引入变革。这些陈述常常与理论学科联系在一起，因为这两项工作都围绕着提出特定观点展开。然而，宣言在性质上与理论、历史、设计和批评类学科不同，因为它们公开地接受某种价值观和观点。这种类型的对话有助于更全面地理解学科中可能出现的各种表达方式，同时也显示出与该领域理论对话的清晰联系。

政治家、商界领袖、哲学家、设计师和其他许多对自己的努力及社会状况进行广泛反思的人，利用这个机会设计和宣布计划或目标，从而改善自己目前的状况。这些宣言往往充满激情，甚至是激进的，内含的研究或才智可能是某些纲要的重要组成部分。然而，宣言也可能是轻松、幽默，甚至是天真的，它可能只是努力提出一个观点，而不是明确和彻底地证实一个立场。宣布信仰或目标确实需要一定程度的信念或信心，因为分享的是个体私下持有的信息。另一方面，它可能是一些不受保护或不被分享的东西，私下里频繁支配着一个人的思想。这种情况下，价值观和原则可能要接受批评，个人野心也可能被他人衡量。虽然这些声明向所有人展示了个人的观点，但也可以看到它们是有助于定义信念或设定和实现目标的，因为它们可能阐明了连作者都不甚明了的某种偏好。通过进一步考察这些工作，就有可能理解它们在学科中所起的作用，以及它们与理论学科的关系。

## 定义宣言

宣言被定义为"书面或口头的公开声明或公告"，自古以来就被视为某种为集体提供纲领或目的的法令或诫命。[43]虽然这些作品通常来源于个人的经验和反思，但人们往往认为它们对个人和专业都有广泛的影响。它们不仅是个人目标和信仰的宣示，也是对专业内部对话的贡献，表达对当前集体方向、价值观和理念的看法。通过这种方式，宣言成为位置标记，因为它们确立了一个人在更大领域中的位置。

查尔斯·詹克斯（Charles Jencks）将宣言描述为旨在促进当代建筑理论和宣言转变的作品，他指出："当卡尔·马克思写出《共产党宣言》时，他并不是要创作一部文学作品，也不是像他所说的那样至少为了解释世界，而是要改变世界。"[44]虽然这些声明旨在引入情况转变，但这种理解涉及个人和学科的关系，因为它关注的是个人的理想和其当前对情况的评估之间的差异。一些典型的状态已被感知但还没有实现。宣言作为一个位置标记，成为个体的信仰和目标与其对学科现状的看法之间的距离的标志。识别这种差异是衡量所需转变的一种方法。

弥补所宣称的愿望与当前条件之间的差距是宣言的挑战之一。公开进行声明是这一进程的主要步骤。这一最初的举措至关重要，因为宣言需要公之于众，公开一个既醒目又难忘的立场。为了引起人们的注意，宣言变得大胆、诗意、极端或幽默。詹克斯打趣道，"一份好的宣言的终极目标"是成为"让人离开舒适老家的东西"，他将宣言描述为"重复的、咒语般的、回应历史的命令，就像希望用魔法或某种逻辑来抵御灾难一样。"[45] 这项工作试图让观众信服于一个提议或立场的价值观。因此，显然一个有趣而巧妙的论点可能比理性的解释更有说服力。詹克斯说：

> 宣言可能使用任何可用的修辞手法——押韵、冷笑话、双关语、荒谬的谎言（想想鲍德里亚）——而且宣言总是创造新的隐喻，试图说服别人。勒·柯布西耶写于 20 世纪 30 年代的一本引起热议的书《当大教堂是白色》（*When the Cathedrals were White*）意在向"怯懦的土地"，即美国人和纽约人灌输新的白色冒险精神，但稍加思索就会发现，大教堂从来就不是白色的。就像帕台农神庙和那些在纯粹主义者的热切目光下总是呈现白色的希腊庙宇一样，它们最初是被粉刷出来的（虽然这在极简主义者和忌邪的天主听来有些不对劲）。[46]

对宣言的承认可能比接受毫无歉意的意见更有诱惑力。对声明来说，利用任何手段发表意见都是司空见惯的，因为优先事项是清楚地表明自己的立场。

乌尔里希·康拉德（Ulrich Conrads）在其《20 世纪建筑的程序与宣言》（*Programs and Manifestoes on 20th-Century Architecture*）中似乎将宣言等同于计划或方案，将理想的公开表达与议题联系起来。对于康拉德来说，这个议题抓住了学科内运动的精神，承认了由特定的信仰塑造和定义的不同的历史时代。宣言被看作是将该学科带入下一个运动的尝试，它提倡新事物，摒弃那些无效和落后的条件。康拉德说：

> 如果你在 1958 年看过亨德华沙（Hundertwasser）的《反对建筑理性主义的模版宣言》，你的反应可能会像现在这本作品的编辑一样：他对抗议本身并不感到惊讶 —— 即使在这个时候，人们也不可能对反对功能性建筑的声音充耳不闻—— 而是对经历了两代人的建筑被大规模破坏，同时被认为不适合居住的粗俗主观性感到震惊。[47]

贬低当前的状况或其他类似的选择经常被用来将观众的目光转移到其个人所提倡的位置上。这种试图说服公众的策略很常见，且宣言往往表现出对普遍对话的敏锐意识和对其他时代进程的漠视。这种做法似乎将其他时代的关注点和讨论视为不明智和欠考虑的，或者将其视为困扰某个特定时期的背景困境而不予理会。

作为放置在更大的时间背景中的标记，詹克斯在宣言中看到一种"时代精神"在起作用。可以确定各个时代共同的观点和议题，形成对当前情况的集体认识，协调一致解决关键问题。这些问题的产生原因可能是与学科无关的历史条件，如人口变化或政治变化，或者它们与建筑直接相关的变化，如新材料的引入或建筑环境的评估。这些共同事件和条件并不一定和宣言具有可比性，但他们支持的解释可能有类似的性质。此外，任何关于这些观点的公开讨论，无论是书面还是口头，都在将这种对话继续下去并催生类似的想法。宣言可能是单独的和独特的；然而，由于共同的背景和讨论，一个时代内的大多数宣言可能拥有共同的关注和观点。

### 宣言与理论的联系

由于宣言包含了定义个人立场的声明，而理论化则试图阐明一个特定的研究路线，所以从整体上看一眼就会发现它们的相似之处，因为它们推进支撑着某个基于信仰体系并包含价值观的特定观点。但二者之间的重要区别也应该得到承认，因为宣言可能不涉及澄清，而理论化可能不涉及公告。这些区别很重要，因为它们表明了活动类型的不同——一种活动侧重于传达一种立场，而另一种活动则发展一种解释。这两个目的回应了不同的需求，也改变了不同工作的理由。在理论、设计和批评的区别方面，澄清、创作和评价的活动可以独立地加以确定，尽管它们在促进发展的工作方面很相似。另一方面，宣言的活动起着沟通的作用。这些活动并不是相互排斥的，它们建立了一种将两个目的结合在一起的不同的关系。工作同时进行，但涉及两个不同的目标。如果需要的话，我们可以通过公开声明澄清，满足共同工作中的两项议程。理论和宣言可以同时作用，彼此支持对方的工作。

如果这两个活动同时进行，宣言可以理解为以一种记录理论化活动的方式在运行。个人有机会提出对一个定理的倡导，公开分享这一点以赢得支持。在许多方面，我们可以说，所有定理都可以被看作作者所相信和支持的观点，从而把这项工作转化为一个宣言。正是在这一点上，不同的目的可能重叠，并同时实现。这种可能性使我们认识到，推广任何定理的程度都可能被广泛地解读，有可能阐明为相对保守的立场，或充满活力的澄清。无论如何组合，两个目的都可以同时存在和追求。

但是，定理不是宣言的必要组成部分，宣言的传达也不是理论化的必需维度。虽然宣言以清晰明了的方式解决了许多问题和条件，但这些作品的目的是发表宣言，而不是促进调查路线的发展。此外，理论化的活动也不需要进行宣告。这两种活动的可能联系并不会将它们的特性或目的合并起来。

因为宣言不一定是记录新的调查路线，可能只是重温过去的信念和议程。它们不需要提供任何解释，也不需要识别任何模式或与模式有关的问题。无论是否已经讨论过，个人可以选择推进任何原则或方案。宣言指出了从别人那里挪用的、从以前的时代中取回的、在不同党派之间融合的或重新发明的思想和纲领。这与扩展调查、贡献原创性理解的理论化形成了鲜明的对比。虽然我们也应该认识到宣言可能包括理论化的文件，但大多数宣言并不以这种可能性为中心。

宣言甚至可以被认为与理论化相悖的。作为旨在施加影响的立场声明，宣言主要是集中精力发展一个有说服力的论点，而不是促进一个经过仔细研究和得到支持的发展。深入的研究可能有助于建立一个宣言，但它不是必需的，甚至可能被忽视，因为大众印象在这种交流中更有影响力。也就是说，如果宣言的作用是推进特定的观点，那么从一个共同的信念——甚至是错误的观念——出发，而不是先尝试建立一个研究过的基础，可能是一种将其他观点引入讨论的有效方式。通过运用幽默、机智和夸张等技巧说服他人，这些作品可以成为某种营销作品，通过一切可能的方式转化追随者。虽然理论化也可以进行说服，甚至可以说有促进作用，但活动的本质是澄清。制定清晰的调查路线可能会更容易让人信服，但首要的问题是弄清情况并揭示其性质，无论这可能是什么。

# 理论及其他文体

## *理论与其他文体的关系*

对理论学科各种关系的考察有助于为理解该领域的各种讨论奠定坚实的基础。历史、设计、批评甚至宣言都与理论不同，拥有识别这些科目的能力，我们就能够把握这些科目的本质。不同活动和它们之间的关系可以进行确认。这项工作为理解这些学科如何描述设计中的各种工作提供了可能性，但仍有其他同样具有影响力，也可以被视为这个系统的一部分的其他类型的作品。在没有建立严格的分类或界限的情况下继续探索各种学科如何通过相似和不同联系起来，我们就可以通过查看其他作品来继续拓展该学科的视野。

令人惊讶的是，作为理论学科的一部分而被普遍讨论的许多著作实际上与理论活动几乎没有关系。人们可以对建筑进行评论，可以对行业状况进行回顾，也可以对感兴趣的问题进行反思。虽然这些作品可以是强大的，或受到业内相当大的关注，它们可能不一定是一个理论化文件或其他相关活动。

与理论学科最相关的文体可能是那些关于建筑及其本质的对话或反思。路易斯·I.康（Louis I. Kahn）在《静谧与光明：路易斯·康的建筑精神》一书中谈到了光、影和材料。康的散文提供了对建筑及其元素的感知方式的描述性解释。这种解读使读者能够了解这位建筑师的观点。同样，伊塔洛·卡尔维诺（Italo Calvino）的《隐形的城市》中提出了虚构的、富有想象力的城市，作为建筑师们对话的灵感来源。在《废墟的必要性》一书中，J. B. 杰克逊（ J. B. Jackson ）在题为"车库的驯化"一章中观察到了房屋和汽车在设计上的进化变化[48]，他的反映说明了个体与交通工具之间联系的重要性如何适应了建筑。杰克逊对汽车在美国人日常生活中越来越重要的地位以及对传统房屋的改造方式的看法，是对这些事件的精彩评论。虽然这一观点可能被用作某种理论的支持，在这种情况下，这篇文章本身就是一个令人信服的观察。虽然这些著作也会引起人们的兴趣，但它们并不算是理论化的实例，因为它们不一定能确定某种模式或模式中的问题，而且作品似乎也没有以一种寻求准确情况的方式来进行澄清。它们也不是历史叙述，因为它们不解释过去的记述；不是批判，因为它们不做评价；也不是宣言，因为它们并不分享某种信仰。这些作品可以简单地理解为描述性的文章，只是有助于丰富关于设计的对话。

类似的，记录特定建筑师或公司工作的绝大多数建筑专著通常也是在建立其生产记录。虽然产品可以是各种类型和大小，甚至是不同的完成阶段，但其目的都只是详细说明集体结果，而不是传递工作所基于的理论。然而，一些专著包含了设计师或公司的方法或观点。这些陈述可能是某些定理，比如迈克尔·格雷夫斯（Michael Graves）在他的作品集第一卷中所写的"具象建筑的案例"。这篇文章解释了他的设计方法，但篇幅不到三页。

虽然像这样的作品常常与理论学科联系在一起，但努力认识差异有助于理解作品，对更大的话语领域进行澄清。这种解释可以发生在对文件进行仔细审查以揭示其组成的时候。识别模式或模式中的问题是一个基本步骤，可以迅速消除对特定结构的分析以及对设计的描述性评论。例如霍爱妲对单个建筑的讨论的特别关注，而不是检测更大的系统或其中断。理论的要素和特征也可以作为标准加以审查。

对单个建筑的分析并不能建立一个普遍化和抽象的理解，就像在建筑批评和描述中看到的，如 J.B. 杰克逊的车库观点。卡尔维诺关于想象中的城市的讨论可能也不会被当成是准确的，因为它的虚构性显而易见。通过这些方法，可以检查和评价文体与理论学科的关系。因为"中心和边缘"的概念比边界更适宜，所以这种评估的进展不追求明确的分类，只要有助于阐明建筑学理论学科的背景即可。很明显，有相当数量的文本不是理论性的，尽管它们可能与该学科相关。

这些关于各种文本如何与理论学科产生关联的广泛概述表明，关于建筑文本有许多假设需要探索和重新考虑。关键是每项工作都应根据其目的进行评估，了解不同的文件的作用，并对广泛的关注作出回应。任何记载理论化活动的文字，并不一定表明了某一特定的价值或权利地位，而是表明某种对澄清活动的寻求。可提供其他东西的著作对这个专业是必要的和有价值的，但更多的是促进理解的价值，而不是被误以为权威理论著作。提出定理的文本可能有许多主题和形式，从历史观点到结构惯例，从无争议的过程到该领域的最新讨论。对这些作品的讨论和阐述，可以帮助它们变得不那么神秘，更容易理解。反过来，这一举措有助于加强理论在建筑学中的作用，因为它确认了这一工作，并将其与其他活动区分开来。

### 不同关系的联系

当理论和其他主题之间的关系被视为一个组合时，我们面临的是一个复杂的操作系统，它是建筑结构工作的重要组成部分。对理论与历史、设计、批评、宣言和其他文体的各个科目之间的关系进行的研究提供了一种方法，让我们可以专注于该系统中的某些个体联系。但是即使处于以下情况，这些方面也被认为变数颇多，哪怕主题之间有很强的相似性。例如，历史叙述和理论研究路线之间可能有很大的相似性，但它们之间仍然存在一些显著的区别，所以这种联系可以以不同的方式表现出来。当许多学科组合在一起时，选择的余地就更大了。理论化和设计之间的关系介于紧密联系和完全没有联系之间，使得这种情况更加难以处理。整个系统似乎很难，或几乎不可能被描述或绘制。

尽管对这个系统进行描述有挑战性，但尝试将其概念化是有益的，因为它有助于我们对其工作方式有一个大致的了解，并确定其关键方面。如果将系统视为一个关系网络，我们就可以借助其中的灵活性，用不同的方式对其加以解释和使用。我们可以想象一个允许但不需要特定连接的整体结构，无论是在学科之间还是在学科内部。整个系列可以被视为不同层次的关系，有许多内部和外部的链接选项。然而，科目的含义和目的可以看作是可靠的主要元素，为整体配置提供了依据。这样，科目本身就充当了系统概念上的锚。我们如果能够定义和识别这些科目，就可以创造强大的焦点，从而弱化这些联系，维持它们提供各种可能性的能力。这样，系统的松散性就变成了一种好处，因为它允许个人按照自己的工作来决定各种选择。如果我们能清楚地理解每一个科目的目的，并且能够定义、识别和运用它，那么我们在学科系统内拥有的应用能力将会更强大。对理论化抱持开明的理解，我们就能为有效理解和建构这一主题提供途径。

虽然这个系统过于复杂和灵活，无法详细描述，但最重要的是，我们要理解其一般性质，以及理解把握其各个部分后所获得的成果。通过将科目视为定义明确的元素集合并接受彼此之间连接的灵活性，我们可以更好地参与操作，从而专注于感兴趣的区域，同时保持对整体的认知。尽管不能确切地理解，但是我们还是可以感受到整个系统的操作或组成，由于在更大的范围内实现了学科的目的，因此我们得以用它来更好地指导我们的工作。无论它多么复杂，我们都可以发掘到这些工作与系统中的其他学科的可能关系。如果能够从总体和具体的两个角度看待工作，我们就能够从宏观和微观两个层面对工作进行了解，从而能够理解我们的参与是如何影响整体的。

## 注释

1　有趣的是，"结构理论"是解释结构设计方法这一类文章的常见标题，如彼得·马蒂（Peter Marti）所著《结构理论：基础、框架结构、板壳》（*Theory of Structures：Fundamentals：Framed Structures：Plates and Shells*，Hoboken，New Jersey：John Wiley & Sons，2013）、斯蒂芬·蒂莫申科（Stephen Timoshenko）和 D. 杨（D. Young）所著的《结构理论》（*Theory of Structures*，New York：McGraw-Hill，1965），以及 R. S. Khurmi 所著的《结构理论》（*Theory of Structures*，New Delhi：S. Chand Publishing，2015），这些都是过去几十年中出版的部分书籍。

2　Robert Venturi, *Complexity and Contradiction in Architecture* (New York: Museum of Modern Art, 1966), 13.

3　Venturi, *Complexity and Contradiction*, 13.

4　Venturi, *Complexity and Contradiction*, 13.

5　Venturi, *Complexity and Contradiction*, 16.

6　Venturi, *Complexity and Contradiction*, 16.

7　Venturi, *Complexity and Contradiction*, 14.

8　Venturi，*Complexity and Contradiction*，23 and 34。本书开始分别讨论"两者 – 和""双重功能元素"，但这仅仅是文丘里在书中讨论的众多备选观察结果中的两个。

9　"History." *Oxford English Dictionary*, Oxford University Press. www.oed.com.othmerlib. chemheritage.org/search?searchType=dictionary&q=history&_searchBtn=Search.

10　Peter Collins, *Changing Ideals in Modern Architecture, 1750–1950*, 2nd edn (Montreal: McGill-Queen's University Press, 1998), 30.

11　Collins, *Changing Ideals*, 30.

12　John Hancock, "Between History and Tradition: Notes Toward a Theory of Precedent," *Harvard Architectural Review* (New York: Rizzoli, 1986), 65.

13　Hancock, "Between History and Tradition," 65.

14　Hancock, "Between History and Tradition," 65.

15　Collins, *Changing Ideals*, 30.

16　Sir Banister Fletcher, rev. by J.C. Palmes, *Sir Banister Fletcher's A History of Architecture*, 18th edn (New York: Charles Scribner's Sons, 1975) and David Watkin, *A History of Western Architecture*, 2nd edn (New York: Barnes & Noble, 1996).

17　Katherine Wentworth Rinne, *The Waters of Rome: Aqueducts, Fountains and the Birth of the Baroque City* (New Haven: Yale University Press, 2010), 67.

18　Katherine Wentworth Rinne, *The Waters of Rome: Aqueducts, Fountains and the Birth of the Baroque City* (New Haven: Yale University Press, 2010), 66–7.

19　Sigfried Gidieon's *Space*，*Time and Architecture*（Cambridge，Massachusetts：Harvard University Press，1941）认为基于现代主义使得建筑室内与室外联系起来，这使得与过去的建筑有所不同。

20　Kenneth Frampton, *Modern Architecture: A Critical History*, 3rd edn, rev. and enlarged (New York: Thames and Hudson, 1992), 7.

21　"Design," v., *Oxford English Dictionary*, Oxford University Press, n.d. Web. and "Design," n., *Oxford English Dictionary*, Oxford University Press. www.oed.com.othmerlib.chemheritage.org/search?searchType=dictionary&q=design&_searchBtn=Search.

22　Peter G. Rowe, *Design Thinking* (Cambridge, Massachusetts: MIT Press, 1998), 39。Rowe 在本书中对桑代克理论进行了解释，并讨论了采用建筑的现代定义作为解决问题的尝试。

23　William Peña and Steven Parshall, *Problem Seeking: An Architectural Programming Primer*, 4th edn (New York: John Wiley & Sons, 2001), 18.

24　Jon Lang's *Creating Architectural Theory* (New York: Van Nostrand Reinhold, 1987)。琼·朗在本书中探讨了现代主义失败后，基于客观手段的建筑设计前景。

25　Lang, *Creating Architectural Theory*, 45.

26　Rowe, 50.

27　Tim McGinty, "Design and the Design Process," in *Introduction to Architecture*, ed. James C. Snyder and Anthony J. Catanese (New York: McGraw-Hill Book Company, 1979), 158–64.

28　Rowe 在《设计思维》(*Design Thinking*) 一书第 51–74 页中探讨了信息处理过程。

29　*The Reflective Practitioner: How Professionals Think in Action* (New York: Basic Books, 1982)。唐纳德·舍恩 (Donald Schön) 在本书中探讨了专业人士如何在目标和情景之间通过反思性对话来应对问题。

30　Schön, *The Reflective Practitioner*, 78.

31　Bill Hillier, John Musgrove and Pat O'Sullivan, "Knowledge and Design," Environmental Design and Research Association Conference, 1972.

32　Michael Oakeshott, *On Human Conduct* (New York: Oxford University Press, 1975), 1.

33　Ana Miljacki, Amana Reeser Lawrence and Ashley Schafer, "2 Architects 10 Question on Program Rem Koolhaas + Bernard Tschumi," *Praxis: Journal of Writing + Building*, Issue 8 (United States: Garrity Printing, 2006), 7.

34　Bernard Tschumi Architects, "Approach," *Bernard Tschumi Architects*. Bernard Tschumi Architects, http://www.tschumi.com/approach.

35　Tobin Siebers, *The Ethics of Criticism* (Ithaca, New York: Cornell University Press, 1988), 25.

36　"Criticism." *Oxford English Dictionary*, Oxford University Press. www.oed.com.othmerlib.chemheritage.org/view/Entry/44598?redirectedFrom=criticism#eid.

37　Raymond Williams, *Keywords: A Vocabulary of Culture and Society*, rev. edn (New York: Oxford University Press, 1983), 85.

38　Wayne Shumaker, *Elements of Critical Theory* (Westport, Connecticut: Greenwood Press, 1952), 12.

39　Shumaker, *Elements of Critical Theory*, 12–13.

40　Shumaker, *Elements of Critical Theory*, 25.

41　Ada Louise Huxtable, Architecture, "How to Kill a City," *The New York Times*, May 5, 1963.

42　Shumaker, *Elements of Critical Theory*, 29.

43　"Manifesto." *Oxford English Dictionary*, Oxford University Press. www.oed.com.othmerlib.chemheritage.org/search?searchType=dictionary&q=manifesto&_searchBtn=Search.

44　Charles Jencks, "The Volcano and the Tablet," in *Theories and Manifestoes of Contemporary Architecture*, 2nd edn, eds Charles Jencks and Karl Kropf (Chichester, England: Wiley-Academy, 2006), 2.

45　Jencks, "The Volcano and the Tablet," 6.

46　Jencks, "The Volcano and the Tablet," 7.

47　Ulrich Conrads, *Programs and Manifestoes on 20th-Century Architecture* (Cambridge, Massachusetts: MIT Press, 1971), 11.

48　J.B. Jackson, *The Necessity for Ruins* (Amherst: University of Massachusetts Press, 1980), 103.

# 第 4 章　参与理论化和定理构建

## 引言

　　对理论这一学科进行研究的目的是建立对它的清晰和实用的理解,从而有助于对理论化的活动的参与和定理的产生。虽然可能有人认为,对该学科进行明确了解对于理论化本身的发生不是必要条件——确实,过去的经历也证明了这一点——但对学科的进一步熟悉有助于支持这种工作。认识到什么构成了理论及其品质的关键部分,我们就能够发展一套指导方针,从而促进新的理论组成。虽然没有单一的理论化方法,但建立一个大纲依然可以为明确确定和处理有助于开展和形成这项工作的关键要素和特点开辟可能性。下面是一些项目的汇编,可以作为指导,帮助我们识别和参与到理论化中去。当然,每一次创建的实质和时间线都会产生变化。

## 理论化的清单

### *花点时间思考你对世界的观察*

　　只有当有人注意到世界上某个模式或某个模式的问题时,理论化进程才会发生。在开始理论化之前,我们需要花时间观察我们的环境,从新的角度研究它。模式或模式中的问题成为需要讨论的澄清。

对我们来说有意义和有价值的理论与我们所认为的在设计中重要的、不可妥协的东西是相互联系的。如果认真辨识所观察到的情况，我们就能够识别出什么是关键的、需要解决的情况或条件。不感兴趣的模式或模式中的问题有可能就是我们最不可能支持的部分。然而，观察本身几乎是无限制的，范围可能涉及空间和形式、材料甚至文化和社会力量以及环境等问题。通过仔细查看我们关心的内容，可以识别和理解学科的有价值搜索。

建立理论可能是我们工作的下意识的目标，但不可操之过急。它通常伴随着间歇性的注意发生，因为在一个模式中建立一种模式或问题的意识总是随着时间和经历而发生的。这种活动似乎总是被动开始的，因为认知似乎是通过在不同情况下观察同一事物的不同实例，从而以一种间接的方式发展起来的。深思熟虑的思考是至关重要的，我们需要评估环境，看到可能存在但不一定明显的可能性。这些主题涉及的广度可能会让人望而生畏——如多洛雷丝·海登对第二次世界大战以来性别在美国住宅建筑中所扮演的角色进行的大量研究。然而，无论已经汇编的关于这个主题的材料有多广或多深，特别值得关注的有趣观察结果都值得我们进行研究。如果我们是识别定理而不是构造定理，我们就需要在定理中识别出模式或模式中的问题。这一发现为理论化研究提供了依据和方向。没有这个观察的存在，这个定理就不能包含为这项工作提供目的的澄清内容。

### 熟悉处理相同或相似观察结果的其他文体

对某一特定主题的兴趣通常会导致对它的探索，了解关于该主题的已成立的内容。通过研究相关的定理来研究当前的工作以及它的发展方向，为我们比较这一主题的思想和理解其差异提供了基础。通过了解已经开发出来的定理，我们对情况有了更多的认识，并可以利用这些工作来进一步澄清我们自己的问题。"站在巨人的肩膀上"可以作为一个恰当描述，因为进步通常是从强大的和最新的定理知识中发展出来的，而不是与这些现有的作品竞争。

我们的理论化可能与其他定理很接近，但也有一些区别，比如基本假设或关于情况的特定观点的改变。新的理论可以通过进行组合和分别提出几个定理来区分，这就会导致不同的观点和理解。从其他人的作品中学习并与之合作，我们能获得更大的机会来推进理论化，关注新的发展。

如果要识别理论而不是构造理论，我们就需要了解类似的定理，并且能够识别与现有领域不同的新发展。虽然手头可能没有完整的知识，但我们有责任对材料进行审查，以了解新活动应如何与当前的讨论相联系。具体来说，认识到类似的定理和理解新工作的定位可以建立一个清晰的工作主体。

### 阐明相似理论之间的不同

虽然认识到相关的研究很重要，但能够清楚地将新的理论与其他理论区分开来也同样重要，因为理论化的活动不会重复或重新表述已有的定理。理论化的定义在于它能够提供原创性的澄清，并增加和扩大对世界的解释。由于理论化本质不是多余的，我们必须寻找出澄清中的创新部分，以确保其可区别于其他类似的定理。

如果理论化没有创新之处，它就变成了对现有工作的重复。虽然这可能对某个特定的人来说是一个新的调查，但是该领域的知识并没有得到拓展。简单地重新定义一个想法并不会造成新的理论化。涉及的工作可能是一些对你的认知而言新的东西，或是使用已建立的定理继续测试之前的想法。然而，认识到重新表述和应用现有定理与发展原始理论之间的区别是至关重要的。

对理论化的认识需要我们能够确定一个理论化活动与现有类似工作的不同之处。澄清必须鲜明而独特，可以推进新认识。

### 审视理论化是否具有普遍性而不是具体性

理论化需要解决那些可以被广泛理解的观点，而不是特定的或个别的情况。检查澄清活动，以确保其处理的问题能够被普遍理解和应用。举个例子，尽管定理可能涉及城市环境等条件，但一个定理不会特别关注一个涉及特定地区的问题。专注于单个事件是一个需要解决的问题，而专注于一个更常见的问题则是理论化。扩展前面的例子的话，圣路易斯市中心的 Chestnut 街和 Market 街之间的绿地可能会引发当地的设计调查，但这不是理论化；然而，对城市绿地作用的阐明可以看作一个更广泛的话题，可能是某个理论化活动的一部分。在具体的应用中采用了理论化的方法，一般的认知能够支持个别的设计，但一般的和具体的认知是可以区别开来的，彼此操作也是不同的。

如果我们要确定理论化的活动，就必须有一个一般性的澄清。处理一个广泛的，而非具体的认知，可确保澄清的广泛适用性。

### 审视理论化，看其本质上是抽象的还是与特定现象相联系的

理论化不会直接联系到具体的元素或依赖于实物作品。对工作进行评估，验证它不受这些限制，而且能够在没有材料组件的情况下进行概念上或知识上的解释。按照定义，理论与环境是分离的，思想可以独立存在。我们可以简单地执行一个快捷检查，以确保澄清活动与现实情况分离。

如果我们要鉴定理论化，它的抽象特性需要通过与特定现象无关的工作来凸显。我们要确保澄清在本质上是抽象的，因为思想是从物质中分离出来的，有知识上的灵活性。

### 检查工作是否能够以不同的方式进行沟通

理论化并不需要借用特定的语言或措辞来表达其思想。研究分享信息的其他方式，专注于概念，而不是陈述或呈现问题的特定风格。此外，通过构建描述和解释来捕捉各种模式的理论有助于推进工作，因为它提供了寻找不同的沟通方法的机会。

因为其能够轻易地翻译成其他类型的措辞，所以我们识别澄清活动的能力也必须加以审查。理论化不能依赖于特定的词语，而应该包含可以用不同方式进行描述的思想。

### 审视工作在现实世界中的准确性

理论化的目的是澄清、阐明某事或使之摆脱混乱性或神秘性。这个活动的定义是提供一个直接的评估或清晰的理解。这取决于它与情境的相关性，或者描述情境时的准确性。不一致性既不是澄清，也不是解释，而是某种混淆，这与对世界的解释的要求相反。

如果我们要利用现实世界来检验定理的准确性，就必须审查定理是如何反映实际情况的。理论化和环境之间需要建立一个可靠和明确的联系。

### 测试工作

作为理论化的暂时停止点，定理暂停了思考，并为思想的应用和评价奠定了基础。这种澄清可以通过将其付诸实践并观察它如何发挥作用进行判断，证明该认知在这样的条件下依然保持准确。例如，可以对特定气候带的被动升温和降温方法进行理论分析，并对这些建议进行实验。虽然这在本质上似乎更为客观，但在设计中探讨触觉而不是视觉作用的理论也是可行的。可以提出和评估体现这一观点的想法，从而探索感官在建筑中的重要地位。无论哪种理论化类型，都需要对工作进行评估，以确定它是否足够突出。

理论化鉴定包括对这项工作进行测试的可能性。了解要如何完成这一评估是必要的。

### 牢记理论化永远没有尽头

定理标志着思考过程的暂停，以便于记录和应用。通常理论化的时间间隔是很长的，这使得定理能够在理论化的时间之外得到更充分的验证和检验。然而，理论化总是可以被重新审视和重新开始的，不断地了解工作的最新状态并继续澄清。一旦认识到理论化是一个不断停止和开始的过程，就有可能集中精力推进澄清工作，并适应这项工作的间歇性的特点。

对澄清活动的识别需要对这项工作进行检查，看它是否可以持续发展。包含一个开放性的问题是理论化的基本方面。

### 注意遵守涉及理论化的整个迭代过程

理论化从观察开始。定理是这一活动的书面记录，在各种应用中得到检测。这一过程的所有阶段都可能在短时间或在长时期内发生。然而，每个阶段都需要停下——至少暂停——才能开始下一个阶段。通过认识到在这一无休止的过程中不断前进的必要性，我们就有可能评估工作的发展，并认识到需要改进的长处和短处。在理论化和定理之间的转换中，这一点尤其重要，因为人们通常会花费大量时间思考，却不会把想法写下来。通过参与下一步，可以对上一步进行评估，并确定可能的进展。迭代是对工作的改进。

这个检查清单并不是一个确定的、需要遵循或用于解决一个定理构建的清单，而是作为某些事项开始的提醒，以帮助理论化。这类特性中的不少不难满足，例如确认澄清是抽象的，或不受特定语言或描述的约束。然而，另外一些可能涉及相当大的争议。

探索类似的定理是一项持续性的工作，阶段的迭代相关工作可能也很困难，因为似乎每一阶段都有更多的事情要解决。但是，这些建议依然有望为进行理论化和保持其创造过程及其结果清晰明确提供启发。作为一种强有力的活动，理论研究能够为学科提供高质量的指导，因此一直受到人们的追捧和欢迎。

# 参考文献

Baird, George. "'Criticality' and Its Discontents." *Harvard Design Magazine* 21 (F/W 2004), http://www.harvarddesignmagazine.org/issues/21/criticality-and-its-discontents.

Beck, Haig and Jackie Cooper. *Glenn Murcutt: A Singular Architectural Practice*. Victoria, Australia: The Images Publishing Group, 2002.

Bernard Tschumi Architects. "Approach." *Bernard Tschumi Architects*. Bernard Tschumi Architects, http://www.tschumi.com/approach.

Collins, Peter. *Changing Ideals of Modern Architecture: 1750–1950*, 2nd edn. Montreal: McGill-Queen's University Press, 1998.

Conrads, Ulrich. *Programs and Manifestoes on 20th-Century Architecture*. Cambridge, Massachusetts: MIT Press, 1971.

"Criticism." *Oxford English Dictionary Online*. Oxford University Press, www.oed.com.othm erlib.chemheritage.org/view/Entry/44598?redirectedFrom=criticism#eid.

"Design." v., *Oxford English Dictionary*. Oxford University Press, n.d. Web. and "Design." n., *Oxford English Dictionary*, Oxford University Press, www.oed.com.othmerlib.chem heritage.org/search?searchType=dictionary&q=design&_searchBtn=Search.

Dunham-Jones, Ellen. "The Irrational Exuberance of Rem Koolhaas." *Places Journal* (April 2013), https://placesjournal.org/article/the-irrational-exuberance-of-rem-koolhaas/.

Fletcher, Sir Banister. *Sir Banister Fletcher's A History of Architecture*, 18th edn, revised by J.C. Palmes. New York: Charles Scribner's Sons, 1975.

Foucault, Michel. *The Order of Things: An Archaeology of the Human Sciences*. New York: Vintage Books, 1973.

Frampton, Kenneth. "Towards a Critical Regionalism: Six Points for an Architecture of Resistance." In *The Anti-Aesthetic: Essays on Postmodern Culture*, edited by Hal Foster, 7, 327–28. Seattle: Bay Press, 1983.

Frampton, Kenneth. "Ten Points on an Architecture of Regionalism: A Provisional Polemic." *Center: A Journal for Architecture in America* 3 (1987): 375–85.

Frampton, Kenneth. "Critical Regionalism Revisited." In *Critical Regionalism: The Pomona Meeting*, edited by Spyros Amourgis, 34–9. Pomona, California: California State Polytechnic University, 1991.

Frampton, Kenneth. *Modern Architecture: A Critical History*, 3rd edn, rev. and enlarged. New York: Thames and Hudson, 1992.

Frampton, Kenneth. "Topaz Medallion Address at the ACSA Annual Meeting." *Journal of Architectural Education* 45 (July 1992): 195–96.

Gidieon, Sigfried. *Space, Time and Architecture*. Cambridge, Massachusetts: Harvard University Press, 1941.

Gusheh, Maryam, Tom Heneghan, Catherine Lassen and Shoko Seyama. *The Architecture of Glenn Murcutt*. Tokyo, Japan: Nobuyuki Endo, 2008.

Hancock, John. "Between History and Tradition: Notes Toward a Theory of Precedent." *Harvard Architectural Review* (New York: Rizzoli, 1986): 65–77.

Harris, Phil and Adrian Welke. "Glenn Murcutt's a Top Bloke (But a Crazy Driver)." *Architecture Australia* (May/June 2002): 74–83.

Hayden, Dolores. *Redesigning the American Dream: Gender, Housing and Family Life*, revised and expanded. New York: W.W. Norton & Company, 2002.

Hays, K. Michael. "Critical Architecture: Between Culture and Form." *Perspecta* 21 (1984): 14–29.

Hays, K. Michael. "Introduction." In *Architecture Theory Since 1968*, edited by K. Michael Hays, x–xv. Cambridge: MIT Press, 1998.

Hillier, Bill, John Musgrove and Pat O'Sullivan. "Knowledge and Design." Environmental Design and Research Association Conference, 1972. EDRA3/1972, 29-3-1 to 29-3-14.

"History." *Oxford English Dictionary Online*. Oxford University Press, www.oed.com.othmerlib. chemheritage.org/search?searchType=dictionary&q=history&_searchBtn=Search.

Huxtable, Ada Louise. "How to Kill a City." *The New York Times* (May 5, 1963).

Jackson, J.B. *The Necessity for Ruins*. Amherst: University of Massachusetts Press, 1980.

Jencks, Charles. "The Volcano and The Tablet." In *Theories and Manifestoes of Contemporary Architecture*, 2nd edn, edited by Charles Jencks and Karl Kropf, 2–9. Chichester, England: Wiley-Academy, 2006.

Kaplan, Abraham. *The Conduct of Inquiry: Methodology for Behavioral Science*. Scranton, Pennsylvania: Chandler Publishing, 1964.

Khurmi, R.S. *Theory of Structures*. New Delhi: S. Chand Publishing, 2015.

Koolhaas, Rem. *Delirious New York: A Retroactive Manifesto for Manhattan*. New York: Oxford University Press, 1978.

Koolhaas, Rem. "Bigness, or the Problem of Large." In *S, M, L, XL*, edited by Jennifer Sigler, 494–516. New York: Monacelli Press, 1995.

Kuhn, Thomas. *The Structure of Scientific Revolutions*, 2nd edn, *enlarged*. Chicago: University of Chicago Press, 1962.

Lang, Jon. *Creating Architectural Theory*. New York: Van Nostrand Reinhold, 1987.

Leatherbarrow, David. *Architecture Oriented Otherwise*. New York: Princeton Architectural Press, 2009.

Lincoln, Yvonna S. and Egon Guba. "Competing Paradigms in Qualitative Research." In *Handbook of Qualitative Research*, edited by Norman K. Denzin and Yvonna S. Lincoln, 105–17. Thousand Oaks, California: Sage Publications, 1994.

Livingston, Paisley. *Literary Knowledge: Humanistic Inquiry and the Philosophy of Science*. Ithaca, New York: Cornell University Press, 1988.

MacKenzie, Andrew. "Batik, Beinnale and the Death of the Skyscraper. Interview with Rem Koolhaas." *The Architectural Review* (February 24, 2014), http://www.architectura l-review.com/rethink/batik-biennale-and-the-death-of-the-skyscraper-interview-wi th-rem-koolhaas/8659068.fullarticle.

"Manifesto." *Oxford English Dictionary Online*. Oxford University Press, www.oed.com.othm erlib.chemheritage.org/search?searchType=dictionary&q=manifesto&_searchBtn=Search.

Marti, Peter. *Theory of Structures: Fundamentals, Framed Structures, Plates and Shells*. Hoboken, New Jersey: John Wiley & Sons, 2013.

McGinty, Tim. "Design and the Design Process." In *Introduction to Architecture*, edited by James C. Snyder and Anthony J. Catanese, 158–64. New York: McGraw-Hill Book Company, 1979.

Miljacki, Ana, Amanda Reeser Lawrence and Ashley Schafer. "2 Architects 10 Questions on Program Rem Koolhaas + Bernard Tschumi." In *Praxis 8*, edited by Amanda Reeser Lawrence and Ashley Schafer, 6–15. Columbus, Ohio: Praxis, Inc., 2006.

Murcutt, Glenn. "*Glenn Murcutt*." University of Arkansas, Union Ballroom, Fayetteville, AR (April 3, 2009). Lecture.

Nesbitt, Kate. "Introduction." In *Theorizing a New Agenda for Architecture: An Anthology of Architectural Theory 1965–1995*, edited by Kate Nesbitt, 12–14. New York: Princeton Architectural Press, 1996.

Oakeshott, Michael. *On Human Conduct*. New York: Oxford University Press, 1975.

Pallasmaa, Juhani. *The Eyes of the Skin: Architecture and the Senses*. Chichester, England: Wiley-Academy, 2005.

Peña, William and Steven Parshall. *Problem Seeking: An Architectural Programming Primer*, 4th edn. New York: John Wiley & Sons, 2001.

Popper, Karl. *The Logic of Scientific Discovery*. New York: Hutchinson & Co., 1968.

Popper, Karl Raimund. "Of Clouds and Clocks: An Approach to the Problem of Rationality and the Freedom of Man." The Arthur Holly Compton Memorial Lecture, Washington University, St. Louis, MO, April 21, 1965.

Putnam, Hilary. *Reason, Truth and History*. New York: Cambridge University Press, 1981.

Rinne, Katherine Wentworth. *The Waters of Rome: Aqueducts, Fountains and the Birth of the Baroque City*. New Haven: Yale University Press, 2010.

Rorty, Richard. *Consequences of Pragmatism (Essays: 1972–1980)*. Minneapolis: University of Minnesota Press, 1982.

Rossi, Aldo. *A Scientific Autobiography*. Cambridge, Massachusetts: MIT Press, 1981.

Rossi, Aldo. *The Architecture of the City*. Cambridge, Massachusetts: MIT Press, 1982.

Rowe, Colin. *The Mathematics of the Ideal Villa and Other Essays*. Cambridge, Massachusetts: MIT Press, 1976.

Rowe, Peter G. *Design Thinking*. Cambridge, Massachusetts: MIT Press, 1998.

Rugg, Harold. *Imagination*. New York: Harper & Row, 1963.

Schön, Donald. *The Reflective Practitioner: How Professionals Think in Action*. New York: Basic Books, 1983.

Shumaker, Wayne. *Elements of Critical Theory*. Berkeley: University of California Press, 1952.

Siebers, Tobin. *The Ethics of Criticism*. Ithaca, New York: Cornell University Press, 1988.

Somol, Robert and Sarah Whiting. "Notes Around the Doppler Effect and Other Moods of

Modernism." *Perspecta* 33 (2002): 72–7.

Speaks, Michael. "Design Intelligence and the New Economy." *Architectural Record* (January 2002): 72–6.

Stern, Robert A.M. "New Directions in Modern Architecture: Postscript at the Ends of the Millennium." In *Theorizing a New Agenda for Architecture: An Anthology of Architectural Theory 1965–1995*, edited by Kate Nesbitt, 100–8. New York: Princeton Architectural Press, 1995.

"Style." *Oxford Dictionaries*. Oxford University Press, http://www.oxforddictionaries.com/us/definition/american_english/style.

Suppe, Frederick. "Alternatives to the Received View and Their Critics." In *The Structure of Scientific Theories*, edited by Frederick Suppe, 119–232. Urbana: University of Illinois Press, 1977.

Suppe, Frederick. "Development of the Received View." In *The Structure of Scientific Theories*, edited by Frederick Suppe, 16–56. Urbana: University of Illinois Press, 1977.

"Theory." *American Heritage Dictionary of the English Language*, new college edn 1969.

Timoshenko, Stephen and D. Young. *Theory of Structures*. New York: McGraw-Hill, 1965.

Venturi, Robert. *Complexity and Contradiction in Architecture*. New York: Museum of Modern Art, 1966.

Venturi, Robert, Denise Scott Brown and Steven Izenour. *Learning From Las Vegas*, rev. edn. Cambridge, Massachusetts: MIT Press, 1977.

Watkin, David. *A History of Western Architecture*, 2nd edn. New York: Barnes & Noble, 1996.

Whiting, Sarah. "Going Public." *Hunch* 6/7 (2003): 79–82.

Whiting, Sarah. "Whiting and Gang in Conversation." In *Building/Inside Studio Gang Architects*, edited by Jeanne Gang and Zoë Ryan, 157–74. Chicago: Studio Gang Architects, 2012.

Widdowson, William. Master of Science in Architecture Seminars. University of Cincinnati, 1991–1993.

Williams, Raymond. *Keywords: A Vocabulary of Culture and Society*, rev. edn. New York: Oxford University Press, 1983.